我爱布杂货

爱上北欧风布作

DIY玩布置编辑部　编著

河南科学技术出版社

·郑州·

CUVEE
SPECIALE

编辑导读

为自己添一款北欧风布作吧

北欧风是简约、舒适和富有设计感的代名词，现在带大家一探在各个领域都受欢迎的北欧风在布作上呈现出何种独特样貌。四季分明的北欧，每个季节都有不同的布作色调和特性，不论是舒适温暖的自然花叶图腾、雪地里的童话情境还是几何图形的利落展现，都各自精彩，它们的共同之处在于不追求繁复的技法，但讲究色彩和线条的表现，看似简单却极富设计感，既实用又耐看，而这些正是布艺玩家最在意的事。就让本书带着大家从新品布料开始暖身，让老师告诉你营造对味北欧风不败的配布和配色诀窍，还有各种居家布饰、工作服和包包的布作方案，为自己添一款个性的北欧风布作吧。

增添立体感的拼布设计则要给大家不同以往的拼布印象，把沉甸甸的深色布换成亮眼讨喜的点点布、格子布，让拼布瞬间变得轻松、甜美、可爱。通过几种简单的技巧，就能将立体拼布发挥得淋漓尽致，延伸变化出多种花样的组合，让拼布不仅能在平面上拼出风景，还能玩出立体感，即便是同样的技法，也能呈现出不同以往的新颖、细腻、精彩的手作风格。

contents 目录

专题策划一 营造清新北欧风

专题策划二 增添立体感的拼布设计

缝纫小课堂

创意裁缝园地 疗愈系动物乐园

※后附 实物大纸型

拼布世界的小顽童 叶慈慧

文 / 王盈力 摄影 / 王正毅

还记得童话故事里的小飞侠吗？永远都不会老的彼得潘、温蒂、虎克船长、吃了时钟的鳄鱼以及梦幻岛上那些不愿意长大的小孩，然而，童话毕竟只是童话，现实生活中，随着年龄增长，这些孩童时代的梦、纯真与勇气，你又保留了多少？

称呼叶老师为拼布界里永远的孩子王，应该是一点儿也不为过。还记得第一次见到她是三年前，即便之后的合作次数如此频繁，她的样子与态度，还是像我第一次见到的她一样，完全没有改变。仔细观察叶老师，会发现她其实是装着少女心的大小孩，她的少女心，不是hello kitty那种无辜可爱的梦幻调调，而是整个人由内而外散发的年轻活力。叶老师走路永远是蹦蹦跳跳的，脸上最不缺少的表情则是笑容，特别是她的嗓门和肺活量啊，简直是扎实得可以，听她讲话就像听小鸟吱吱喳喳在演奏交响乐一样。

叶慈慧

在拼布世界中自在玩耍，叶老师纯熟的手艺下其实藏着更多细腻的玩心；正因拥有扎实的功夫与不受约束的想法，才能不断创作出高人气的布艺作品。

http://blog.xuite.net/cottonhouse

作品如人，拥有奔放不受约束的创意玩心

因为开了拼布教室，每天都有很多学生来上课，所以老师一定要不停地进修、不断自我要求，让自己永远走在前面。“滚石不生苔，我每次都是这么期许自己的。”老师笑着说。而老师设计的作品，也如同她的人一样，拥有奔放不受约束的特质。对老师而言，每一款作品的诞生，都是在教室里和学生一边喝着下午茶，一边愉快地交谈生活小事，从中激荡出的创意灵感。“可能学生正热烈讨论着市售的妈妈包分层不太好用，马上就想说那来玩玩看更贴近妈妈需求的设计，甚至衍生出更多分格收纳袋的创意。”作为一个拼布人，老师希望大家都能在拼布里找到满足与快乐，更希望能把作品完成后的成就感与更多人分享。在老师一手建立起的梦幻岛内，怀抱最单纯的心，并持续追求创新，让作品更贴近生活，正是老师直指初心的信念。

活在当下，每天都是开心的一天

我问老师，你难道没有不开心的时候吗？老师笑着说："当然还是有啊！但我每天一睁开眼睛就又是新的一天、新的开始。""我小时候就展现出缝纫的天分了！""小学三年级的时候，我就会帮芭比娃娃做衣服了，不管是吊带裤还是衬衫，都难不倒我，每天都拜托会裁缝的妈妈教我打版和操作缝纫机，是工业用那种缝纫机喔！很厉害吧！"老师的笑容里有着掩不住的骄傲与兴奋，仿佛小时候那个一边帮洋娃娃打版、一边吵着要妈妈教她使用缝纫机的小女孩，这一刻又回到了她的身体里。

"大学的时候更夸张了，宿舍的窗帘、床单、被套我通通都自己做。明明念的不是家政系却对裁缝热爱得不得了。"踏入社会后，念中文的她去了日商公司，担任和布料染料相关的行政工作。某一天，她参加了一场拼布展，从小累积在脑子的"裁缝魂"终于爆发。于是老师辞去日商公司的工作，开始研习和拼布相关的基础技艺，并开了第一间拼布教室。"当时真的好惨！前四年都是惨淡经营的状态，但我依然坚持下去，就是要做自己喜欢的事情。"当老师在述说这段往事时，我忍不住思考着老师保持充沛活力的原因，也许因为每天一起床，都有自己乐在其中的事与物等着。即便是在别人眼中微不足道的小事物，因为对自己别具意义，因此便无法取代或妥协，从而推动自己把握当下，认真地去实践自己的想法。

新生代布料设计师

inBlooom 印花乐

文 / 王韵铃　摄影 / 陈家伟

“inBlooom印花乐艺术设计工作室”由三位新生代创作者成立于2008年的台北。她们的灵感来自脚下的这块土地，希望通过年轻的观点与创新时尚的风格，表现出属于当代台湾的美好设计。

从推出到现在始终备受欢迎的布书衣，有各种样式可选择。

走一趟台北的永乐市场，布料多得数不清，有人只推崇日本布、美国布，有人则热爱各国名师布料，认为这些进口布不论是质感或是设计都有较高的品质；但是在台湾，也有年轻的设计师投身在这个行业中，结合绢印、版画等概念，以自己创作的图案、良好的布料质量和合理的价格，推出属于台湾新一代的布料设计，为广大手作族提供多一种选择。

许多人都知道，在大稻埕迪化街的转角，有一幢复古味十足的屈臣氏大药房，而这历史悠久的楼房如今有个可爱的名字叫“小艺埕”，意为“大稻埕上卖小艺”。“小艺埕”结合了几个有想法、有理念的品牌和咖啡店，其中，一楼的“inBlooom印花乐”就是由三位热爱创作的年轻女孩经营着，她们都有美术出身的背景，彼此是高中同学，在大学毕业后，经过读研、就业的洗礼，再度集合起来，从“inBlooom印花乐”这个品牌出发，分别肩负设计、产品开发和营销的重任，创业这条路走得辛苦却也甜美。她们以此为基地，怀抱对这片土地的热爱，对艺术创作的热诚和积极态度，希望用创新的美学观点，结合旧有技术，为这个传统行业碰撞出耀眼的火花。

过去，“inBlooom印花乐”以各种布饰品如布书衣、手提袋、抱枕等为大家所认识。带点清新风格的北欧设计感，又融合本地文化的创作理念是她们独有的特色。渐渐地，这些有新意且配色耐看脱俗的布料也受到大家的注意，现在，“inBlooom印花乐”开始出售独家设计的图案布了。如果看到了喜欢的布作，不妨问问店家是否单卖布料，你也可以用这些独特的印花图案布做出各种漂亮布作！

厚实的素色帆布、图案布，都提供布料单卖服务。

简单大方的布料图案，做成抱枕家饰，特别耐看实用。

Plus! 印花乐 · 餐桌配布自己做！

这次“inBlooom印花乐”要教大家基本的绢印技巧，让大家在家也能简单完成。用小小的布块做出餐桌上实用的餐垫和杯垫，并且连图案都是自己设计的，这会让人使用起来特别有成就感。

制版准备

设计好的图片、切割垫、铅笔、笔刀、美工刀、橡皮擦、纸胶带、杯垫、投影片

印制准备

印花颜料、纸杯、冰棒棍（调色用）、3M喷胶、透明胶带、刮刀、绢印框

step by step

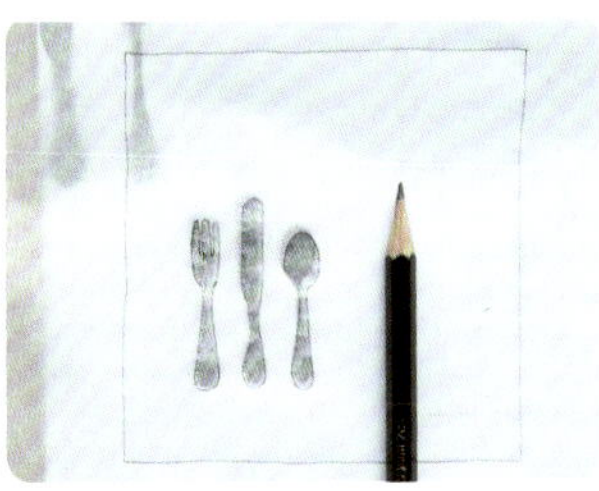

01 先将图形描绘在白纸上，并将投影片放置在画好的白纸上方。

02 用笔刀沿着图形切割下来。

03 投影片均匀地喷上3M喷胶。

04 喷胶后，将投影片粘在绢印框上，四边封上透明胶带，以防止印花颜料渗透。

05 将印花颜料以条状覆于图形上方。

06 杯垫预先做好对位记号。

07 刮刀呈45°角，用力向下拉，将印花颜料印制于杯垫上。

08 到底时轻顿一下刮刀，使多余的印花颜料留于绢印框上，即可完成。

专题策划一

营造清新北欧风

视觉色块·大自然元素·趣味手绘
优雅多彩的北欧风织品特搜20⁺

不败的配布诀窍
营造对味北欧风，从选布开始

现代感的配布诀窍
简洁实用北欧风抱枕

染色皮革手作
小鹿日出托特包＋小红帽单宁包

绢印＋刺绣＋针毡＋手绘
原色设计两用包

北欧田园乡村风
亲子圆底野餐提袋

森林女孩的居家工作服
青鸟围裙＋小鸟隔热手套

面纸盒套＋抱枕套＋短窗帘
简单家饰品营造日常北欧风

布＋羊毛毡＋毛线
童话风图案包

不织布＋绢印＋手绣
手感袋物三件组

◗◐◖视觉色块 · 大自然元素 · 趣味手绘◗◐◖

优雅多彩的北欧风织品特搜 20+

简约又富有设计感的北欧风已盛行许久。印象中的北欧风总是少不了饱和度高的亮眼色块或是源自草木花朵的大自然图样，以及不繁复的线条设计，这些丰富元素的组合、温暖且不造作的质感，让许多人深深着迷，又相当适合配搭在居家空间里。现在，就从最易入门的布料织品开始，享受北欧风的布置乐趣吧。

文 / 萧歆仪　图片提供 / IKEA宜家家居、北欧橱窗

1　鲜明简约的视觉色块

在北国的一片银白世界里，绝对少不了色彩鲜艳的丰富配色及色块组合，把这样的布料织品带入空间，能让人眼睛一亮。

浓郁的色彩运用，是北欧风给人的常见印象之一。同个色系或对比色系的深浅搭配，让随性的手绘花朵图案非常抢眼。

图片提供 / 北欧橱窗

相同花朵的图案，换上了天空蓝及草绿色后，瞬间为居家空间营造出不同的清爽氛围。

图片提供 / 北欧橱窗

黑、白两色加上不同深浅的红呈现在寝具上，能让卧室显得活泼有朝气。

图片提供 / 北欧橱窗

视觉感强烈的黑白色系，利用线条设计和大胆运用色块，也能呈现简约时尚的雅皮风。

图片提供 / 北欧橱窗

同一种蓝也能有变化，窗帘上使用大色块，其他织品则用线条及小色块，就能让整个空间色调一致却不枯燥。

图片提供 / 北欧橱窗

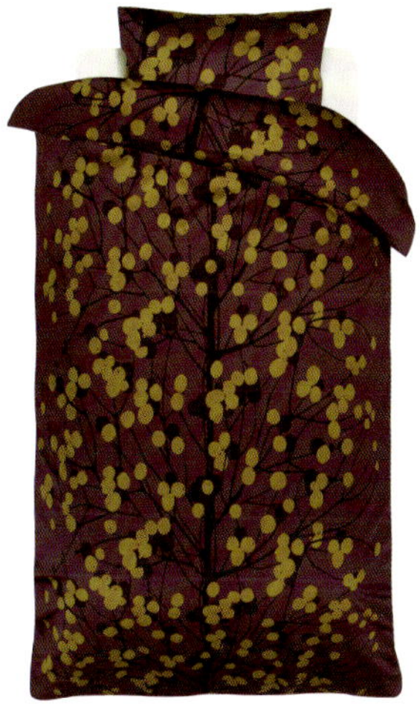

花草树木是北欧风常运用的元素之一。茂盛枝桠上加上大量橘黄圆点的布料，有着浓浓的秋日风情。

图片提供 / 北欧橱窗

2 融合花木元素的自然风

花木小草是北欧风织品常见的灵感来源，植物元素有着大自然的宁静氛围，特别适合原木制品较多的居家空间。各款设计线条简单却饱含了北欧森林的童话气息。

运用三种蓝绿色块交叠，加上极简的黑白线条，在织品上简单描绘出秋天湖面的宁静景致。

图片提供 / 北欧橱窗

纯净白底加上黑色树影交错摇曳，让人联想到月光微弱的北欧森林的夜晚，颜色简单却能勾起丰富的联想。

图片提供 / 北欧橱窗

细致描绘几种不同的树叶轮廓，混搭柔和的褐色及粉蓝，营造空间舒适的慵懒感。

图片提供 / IKEA

大面积的红色用在寝具织品上，因为花瓣及花形设计有着色泽不同深浅的呈现，所以使视觉丰富而有变化。

图片提供 / 北欧橱窗

黑白线条交织出细枝错综的树林，树梢上还有各种不同的鸟儿停驻，仿佛打造了一幅窗边的童话风景。

图片提供 / IKEA

3 多彩丰富的手绘笔触

北欧风加入了人文的元素，在视觉的表现上变得十分有趣，俏皮随性的混色及线条，丰富了视觉，让织品不只是织品，更具装点空间的效果。

布料上布满短短的黑线条，加上丰富的色块涂抹，带来非常有童心手绘的感觉。
图片提供 / IKEA

斯德哥尔摩Beckmans设计学院学生的作品。相当可爱的人物头像手绘，笔触简单不矫饰，趣味性充分融合在布料上。
图片提供 / IKEA

同样是斯德哥尔摩Beckmans设计学院学生的作品，除了用黑色笔触突出人物表情，更使用了非常多样、明亮的色块搭配。
图片提供 / IKEA

色彩丰富抢眼的人物画同样能应用在抱枕、枕头类的织品上，非常适合颜色较单一的居家空间。
图片提供 / IKEA

织品也能挥洒无限创意，黑边加上大胆的亮色，就能变化出各种各样值得玩味、充满想象力的图案。
图片提供 / IKEA

不败的配布诀窍

营造对味北欧风，从选布开始

配布示范／花木棉・林翠华　文／Yi-Chih　摄影／王正毅

花木棉

一个创造新手感生活的美丽小屋，清新、自然、温暖是花木棉的基调，让生活越来越甜美是花木棉的梦想。店内的布料、配件与杂货多来自丹麦、挪威、英国、法国，色彩丰富、质感独特，让人充分体验到手作的幸福与乐趣。

花木棉・拼布・生活・杂货

桃园县中坜市慈惠三街145号

03-4250237

http://www.hmmlife.com.tw

提及北欧风，我们总是会很快产生清新、自然或童趣的意象联想，若想将意象转化成实际的北欧风成品，像包包、提袋、束口袋或其他生活小物，不妨从选布就着手规划，由选布来开始认识北欧风，等选好一系列北欧常见的风格元素布组时，要营造出对味北欧风就一点儿都不难喽！

Part 1 从选布开始认识北欧风

以下介绍5组最常见的北欧风格布组，看看这些风格中运用了哪些元素，又呈现出什么样的北欧视觉风貌。

点、线现代简约风

清新简约是营造北欧风的重要特色之一。在这组布料选配中，由点、线、格子及色块等元素组成了现代简约风，营造出中性风格的视觉意象。

格子

小圆点

条纹

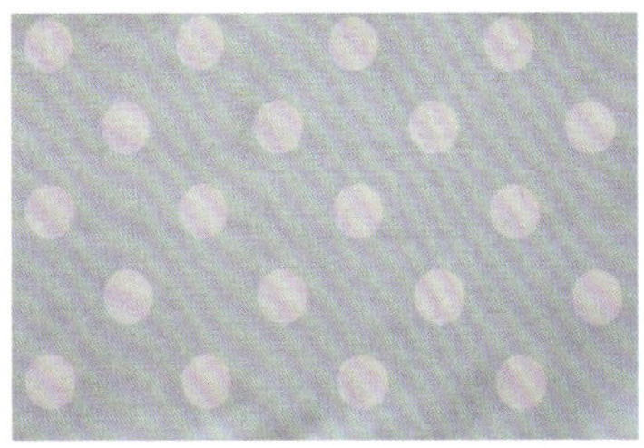

大圆点

舒适典雅自然风

在这组布料选配中，以亚麻、大地色系与自然图腾为主要元素，呈现了自然舒适的特质。自然色调的亚麻布几乎适合与任何花布搭配，若是带有色彩的亚麻布则可以和同色系花布来搭配。

自然色亚麻

灰玫红亚麻

紫藕色花

北欧田园乡村风

田园乡村风在丹麦和挪威的布料设计中常被使用。色彩轻快的小碎花、大花朵以及各种色调的格子布，在北欧偏冷的环境里，仿佛一阵春风，温暖了北欧人的日常生活。

可爱小碎花

多色格子

鲜亮大花朵

几何图形北欧风

这组布料的原型，其实也是来自北欧花、草、树木及大自然的意象，但经由图案规律地重复出现，便传递出独特的韵律感。几何图形的图案元素，不只出现在北欧布料中，也同样大量出现在北欧的壁纸设计里。

粉红小花

蓝色小花

浅蓝灰小白花

高雅沉稳中国风

在北欧的布料设计中，中国意象也是常被撷取的流行元素，比如青花瓷的色彩与图纹以及菊花的图样等就常被运用。经过转化的中国风出现在北欧布品时，呈现出大方、高雅的特质，还蕴藏着几分贵气。

青花瓷图纹

东方色调

菊花图样

Part 2 玩配布！搭出对味北欧风

下面看看同一块布料遇上不同的花布会呈现怎样不同的视觉效果。老师特别传授给我们不败的配布诀窍哦！

不败配布诀窍

1.当素色布与花布搭配时，可从花布上的色彩中挑选一个颜色出来作为素色布的选色。

2.当条纹布遇上素色布时，若条纹布本身的颜色又多又缤纷，可以从条纹当中挑个颜色作为素色布选色；但若条纹本身的色彩简单，就可以大胆选用对比色，让视觉效果更出色。

3.不同花色的花布搭配，花纹里若带有彼此的颜色元素，会是最安全的选色方式。

4.花纹图样最好有大有小，这样视觉上较有层次，不要选差不多大的花纹配在一起。

6块基布，12款视觉效果！

虽然是同一块布料，但是当它遇上了不同的花布时，就会呈现出很不一样的视觉效果，就让我们以其中6块花布为基调，看看当它们遇上另外12块花布时会产生哪些不同的效果。大胆尝试不同的搭配法，充分感受配布的乐趣吧！

搭配 1

营造充满朝气和明朗形象的配色

搭配 2

传递具有律动感意象的配色

搭配 3

演绎出异国情调的配色

搭配 4

颜色对比强烈，容易引起注目的鲜明配色

搭配 5

温和柔顺的配色

搭配 6

气氛柔和，呈现出协调美感的配色

搭配 7

清新干净的配色

搭配 8

洋溢着华丽感的配色

搭配 9

日系风格，柔和清爽的配色

搭配 10

安定沉稳的配色

搭配 11

愉悦生动的配色

搭配 12

新颖且散发着轻快感的配色

现代感的配布诀窍

简洁实用北欧风抱枕

简约、清新、明亮是北欧风很重要的特征。不同的色调和质料能展现不一样的风情，掌握配色概念和经典的图案设计，做出北欧风的家饰品其实一点都不难。

示范 / Yang　摄影 / 王正毅

Yang

动作粗鲁却爱拿针线，钟爱老东西但离不开新设计，充满混搭的人生性格。

http://blog.roodo.com/yang23
http://yang-wen.tumblr.com

主要材料

前片：43 cm × 43 cm　1片
后片：43 cm × 24.5 cm　2片
拉链：40 cm　1条
枕芯：1个
绒球花边：约35 cm
布用双面胶
木马纸型
（请参考附录A纸型）

step by step

01　前片找出中心点，用圆规画出直径29 cm的圆。

02　车上绒球花边。

03　在布上依木马纸型描绘出轮廓，预留0.8 cm的缝份剪下。

04　缝份剪牙口。

05　将缝份往内折熨好。

06　贴上布用双面胶。

07　前片贴上木马。

08　沿着木马周围一圈车缝压线。

09　两片黄色后片和拉链面对面车合。

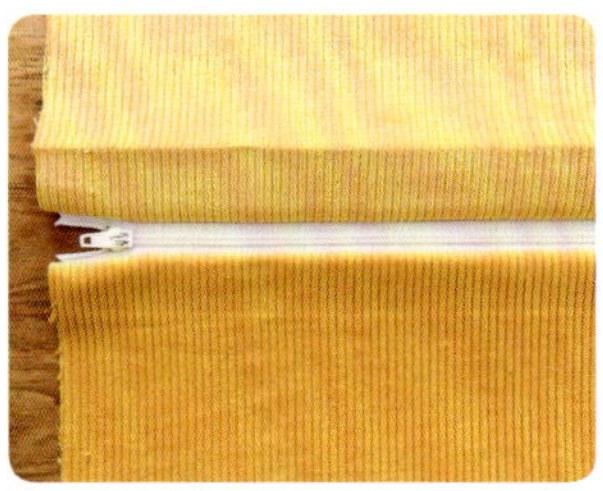

10　前后片对齐，折出后片多出来的重叠长度。

11　重叠的部分压一条线，变成挡住拉链的盖布。

12　前后片正面相对，在1 cm处沿着周围车合一圈。

13　从拉链翻回正面即完成。

达拉木马被称为瑞典的象征，表达着力量、勇气、忠实、智慧和尊严。

抱枕设计重点

北欧风的特色在于简洁、实用，接近现代风格。所以在抱枕的设计上未作繁复设计，而只是运用了瑞典达拉木马的剪影作为设计图案，配色上则使用对比色来营造、强调一种简洁冷静的力量。为了让抱枕更有家的味道，使用了绒球花边来增加层次与柔软感。

布质的应用

绒布的外在呈现稳重感，触感上也相当舒服，加上布料不易乱跑，所以更容易车缝，因此很适合用来制作抱枕；斜纹布的特色在于颜色丰富，所以在设计创意上有更大的变化空间。

染色皮革手作

小鹿日出托特包+小红帽单宁包

bag1 小鹿日出托特包

皮革染成栗黄色之后配上带着麻子壳的淡米色帆布，包面的麋鹿剪影可以感受到北欧人对自然的态度，那是一个人类与动物互惠的世界；被森林包围的北欧小镇，不时出现小麋鹿的踪影，它似乎正悄悄带领我们进入一个美丽的国度。

示范 / 印第安教室专任讲师David 摄影 / 王正毅

印第安皮革创意工场

印第安皮革创意工场1980年创立时即以植物鞣皮革为推广主轴。喜爱手作皮件的人，坚持的生活态度也是与众不同，印第安皮革创意工场从事环保皮革手作、教学等推广已30个年头，至今愈加了解环境与自然对人类的意义与重要性。借助环保皮革与天然素材，加上创作者的创意，让更多人了解到原来爱地球也能很时尚，是印第安皮革创意工场的坚持和使命。

02-2999-1516
周一至周六09:00-17:00
新北市三重区中兴北街136巷28号3楼
http://www.silverleather.com

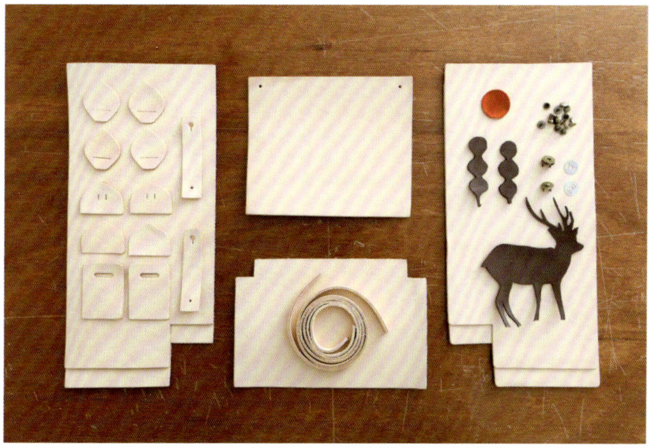

用布说明

裁布请参考附录B纸型

主要材料

法兰斯雕刻皮：适量

中型原子扣、6 mm固定扣、小型磁扣：各1组

盐基性染料：山吹色、焦茶色、赤色

手缝麻线：中细白

建议使用工具

铁尺、美工刀、2.0 mm皮剪刀、尺寸2/4/6孔菱錾各一、上胶片、细丸针2支、研磨片、木制磨缘棒、床面处理剂（无色）、日制乳液、2号丸錾、强力胶、平刷、间距规、线腊、0.5 cm双面胶

step by step

01 拿出包面皮片共4片，使用平刷蘸取染料均匀刷遍皮革表面。

02 皮革底部边缘贴上双面胶，再将两片皮革面对面对粘。

03 如图边距1cm处打一排缝洞。

04 打洞完成。

05 缝合起来（另两片皮革以相同方法制作起来备用）。

06 缝合完成将皮面摊开，先前用双面胶粘起来的地方拆开，再用手压平并在内侧上胶贴好如图。

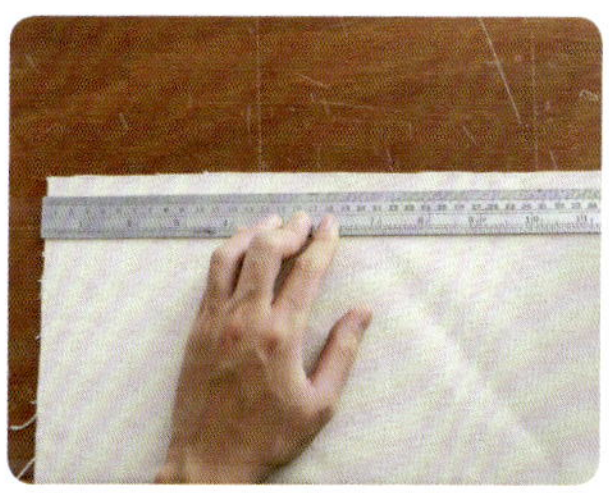

07 拿出帆布，在靠近长边的地方用尺子画出1 cm等宽的长条，长条内上强力胶。另一长边做同样处理。

08 拿出缝好的包面皮片，与帆布上好胶的部分对贴。

09 翻至包包背面，在皮革与帆部对贴的部分，用琅皮条将帆布露出的边缘贴合起来。

10 翻至正面，边距0.4cm处打一排缝洞。

11 如图将左右缝份缝制完成，再将先前做好的小鹿及叶子皮片贴到适当的位置。

12 如图将装饰皮面绕缝起来。

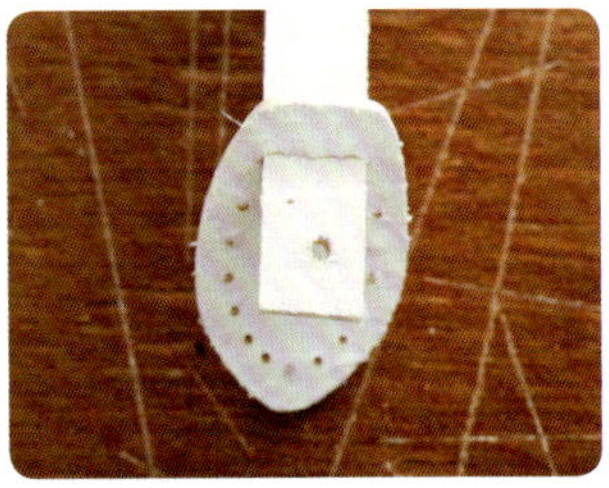

13 将肩带条穿入垫片。

14 如图将肩带固定在包包适当的位置，先用强力胶贴合，再使用2号丸錾，连同包面皮片一起，按照垫片上的洞孔位置依序打洞。

15 打好洞后，拿出固定扣把肩带先固定，固定后再把先前打的洞缝起来，肩带部分就完成了。

16 帆布短边的地方共有3个牙口，先找出来。

17 如图将左右两个牙口往中间的牙口折，此时可先用缝线稍稍固定（包包两边都折好）。

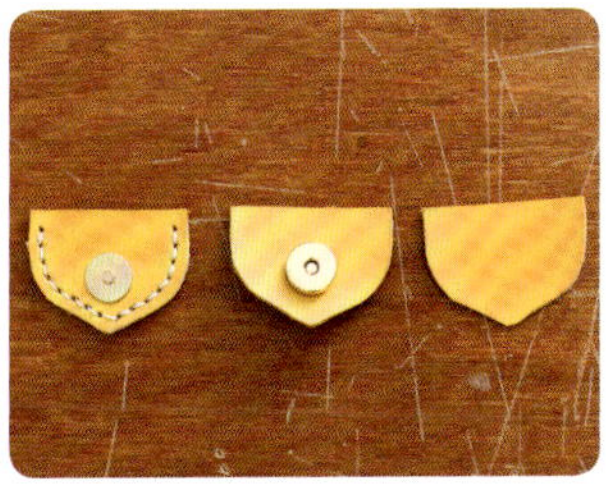

18 如图把磁扣部分完成。

19 开始制作内口袋部分，图中为口袋底。

20 拿出口袋面，如图将转角处打8个洞，须对称。

21 将口袋面的转角先缝制起来。

22 缝制好的口袋面U字形边缘0.4 cm处上胶与口袋底对贴起来。

23 边缘打洞缝合好即完成。

24 图为内口袋扣片配件，可先制作好备用。

25 如图将扣片与内口袋袋底的洞对齐，一同装上原子扣做固定，就完成了。

26 再回到主体包包，如图把包面对折，边缘贴上双面胶，边距1cm处打洞缝制起来。

27 如图把先前制作好的皮片粘贴到包包内侧。

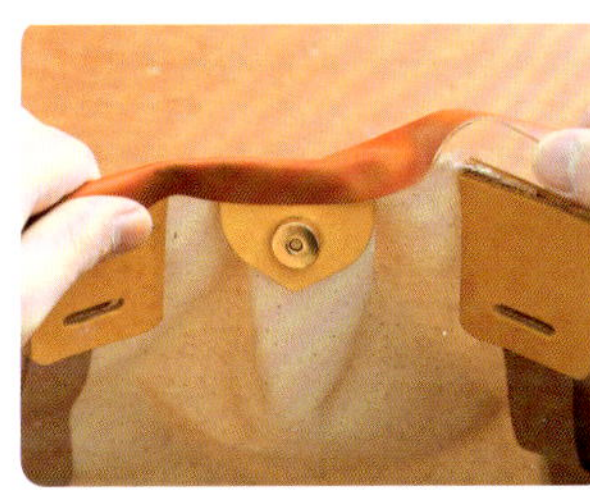

28 取出滚条，在贴滚条之前包缘内外侧需先上0.5 cm宽的强力胶，滚条背面也涂上强力胶，贴时滚条对折半包覆边缘固定好。

29 如图包好边后，边距0.4 cm处打洞并缝合起来。

finish!

bag2 小红帽单宁包

染红的皮革与原色牛皮相搭表现北欧简约气质，以白色的麻线全手缝制作，造型利落且处处能看出制作者细腻的手作精神。

示范 / 印第安教室专任讲师Effy　摄影 / 王正毅

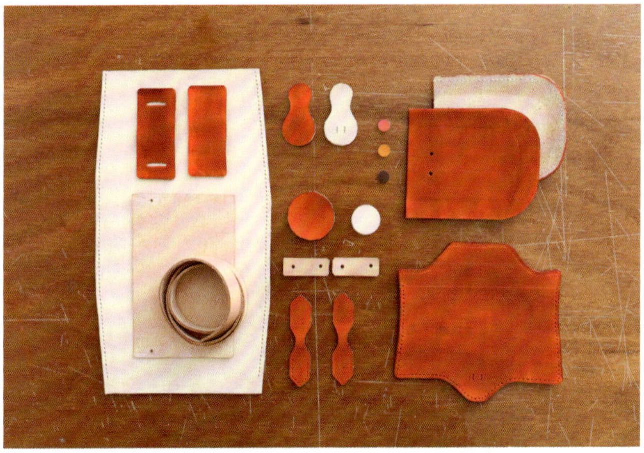

主要材料

法兰斯雕刻皮：适量
盐基性染料：赤色、山吹色、茶色
8 mm固定扣：1组
小磁扣（1.5 cm）：1组
D形环：1组
活动钩：1组
2.0 cm皮带头：1组
手缝麻线：中细白

建议使用工具

铁尺、美工刀、2.0 mm皮剪刀、尺寸2/4/6孔菱錾各一、上胶片、细丸针2支、研磨片、木制磨缘棒、床面处理剂（无色）、日制乳液、8号丸錾、剑形钻孔器(中)、10 mm平凹錾、皮带錾（大）、卵錾（小）、间距规、强力胶、8 mm平錾、线腊规、线腊、0.5 cm双面胶

用布说明

裁布尺寸示意图
（单位：cm）

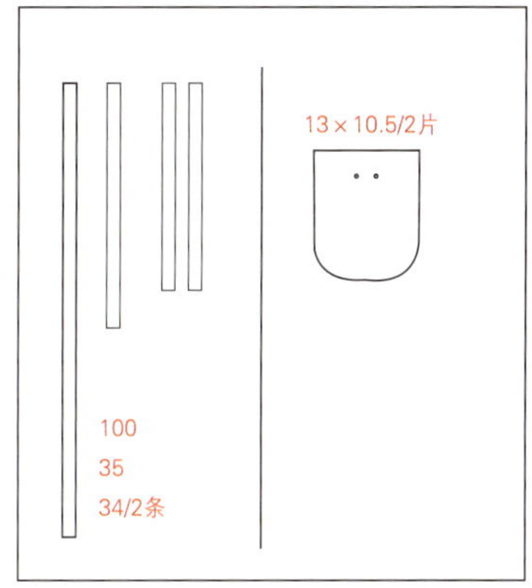

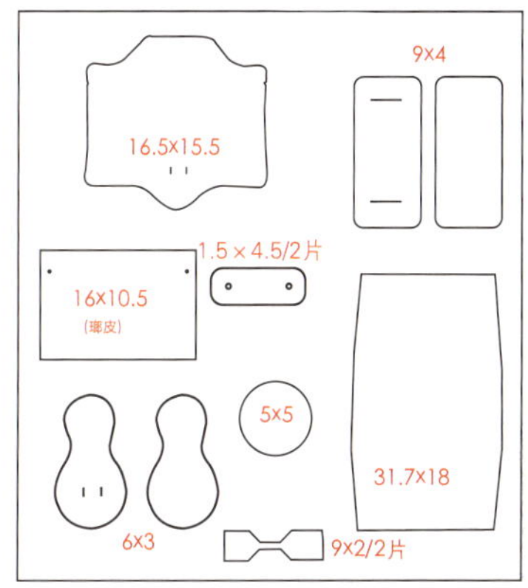

step by step

01 先将上盖需要粘贴的位置用刀片背面刮除皮革表面。

02 再用上胶片蘸取适量的强力胶涂抹在刮除范围内。

03 需先打洞的位置如图，将皮革边缘打好洞备用。

04 如图里的缝线，先将上下两条缝好。

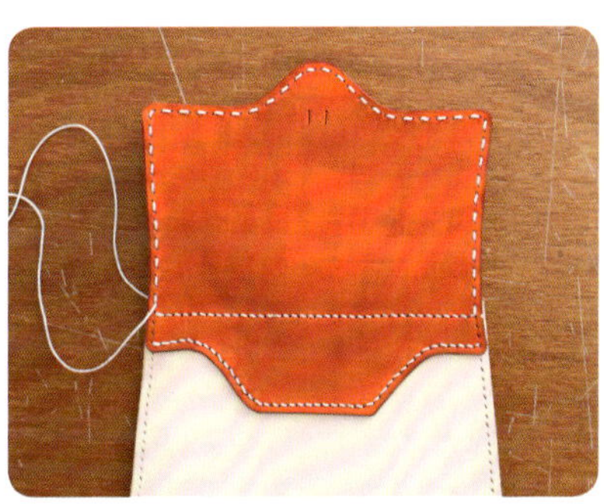

05 如图再将上盖部分绕缝完成。

06 再使用平錾将上盖需装磁扣的位置打好两个开口。

07 将磁扣底装入上盖打好的开口。

08 连同扣片也一起装好。

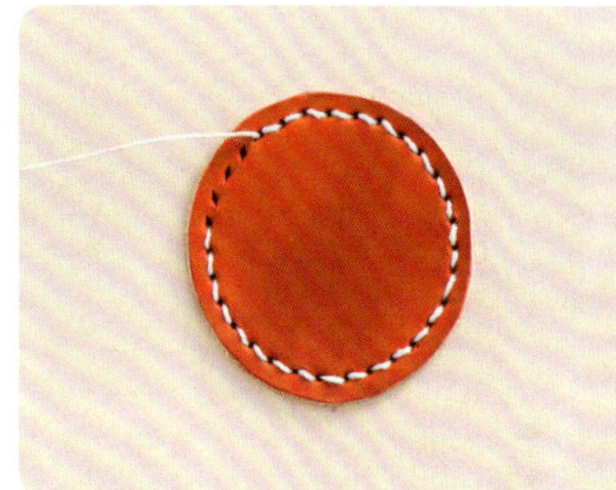

09 拿出圆形皮片缝在包包开口处。

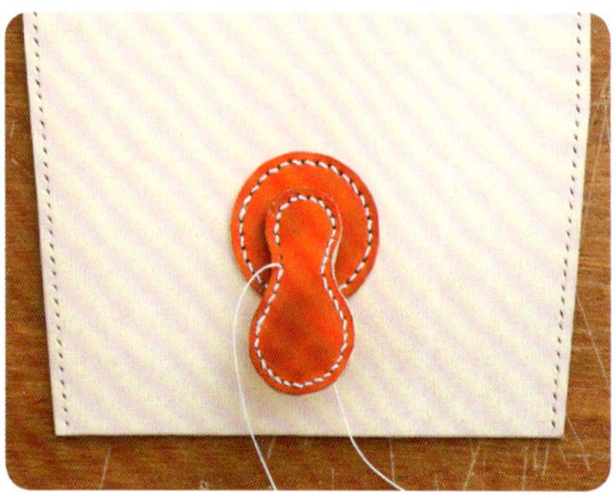

10 如图将皮扣片缝好。

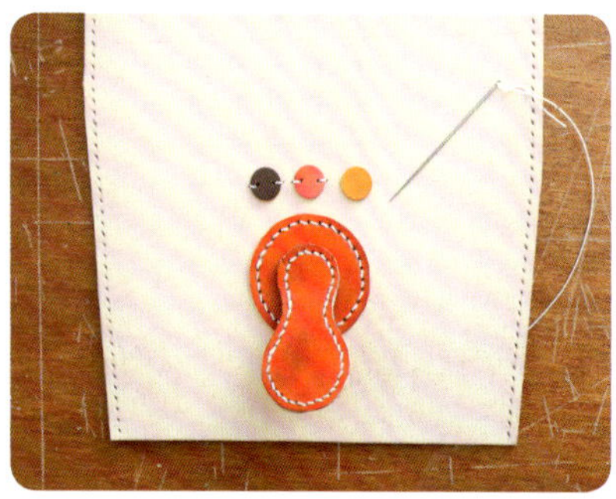

11 圆形装饰片也一起缝上。

12 包包侧挡先将侧条贴合好。

13 再用间距规画出打洞位置，并打洞。

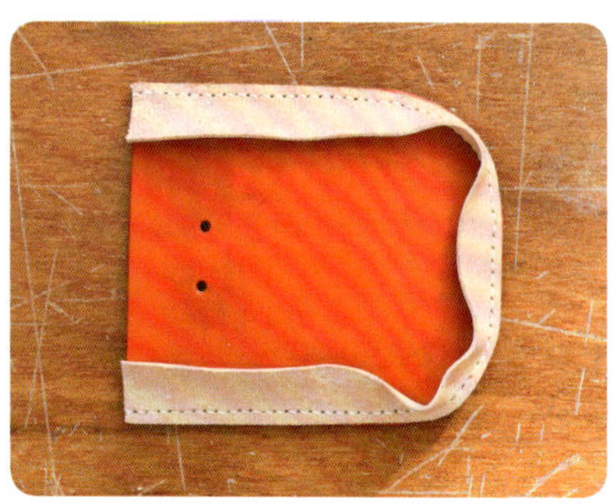

14 缝制完成。

15 用手将侧挡往内折三折备用。

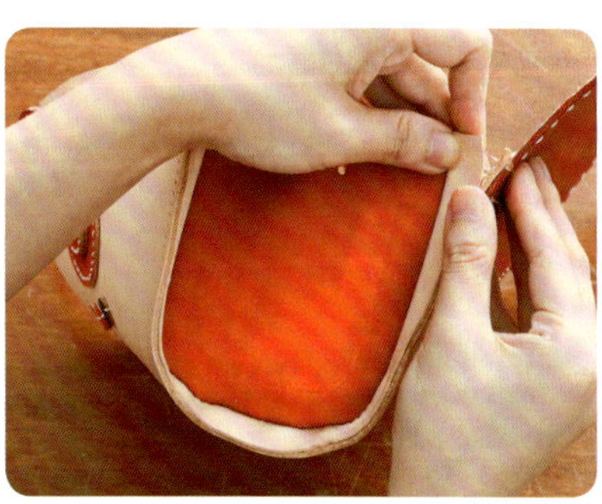

16 将处理好的包面连同侧挡一起贴合起来。

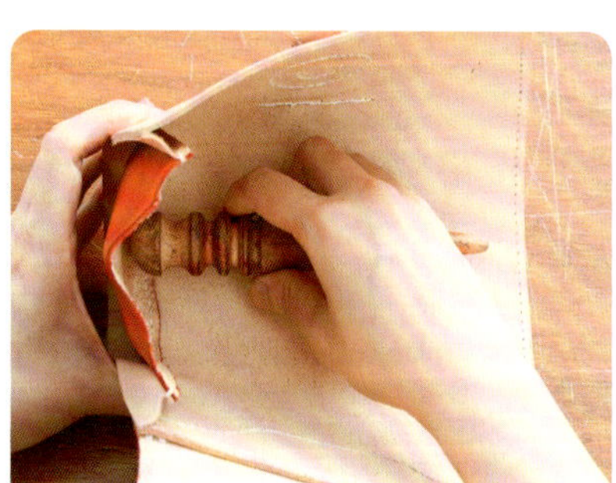

17 使用木制磨缘棒往内挤压侧挡，达到塑型效果。

18 使用剑形钻孔器依序按照外皮先前打好的孔连同包包侧挡一起刺穿。

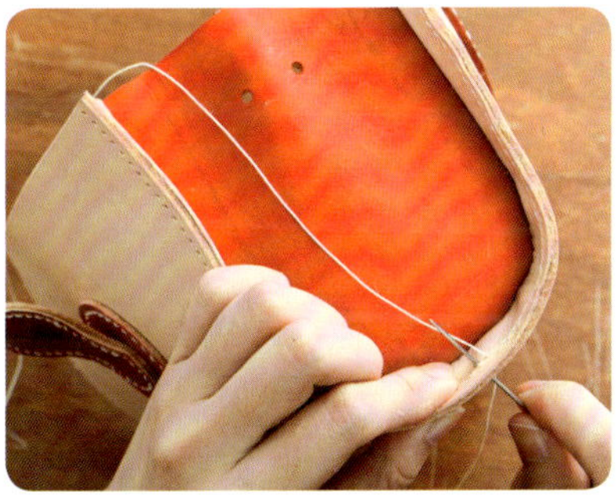

19 如图缝合起来。

20 侧挡对好后，拿出侧提耳皮片及D形环装上固定扣后一同打好（左右边各一个）。

21 包包主体完成。

22 活动钩皮片装好，再将皮条置入一起打好洞。

23 缝制完成。

24 肩膀垫片需先在外框0.4 cm处上胶黏合再打好洞缝合。

25 完成。

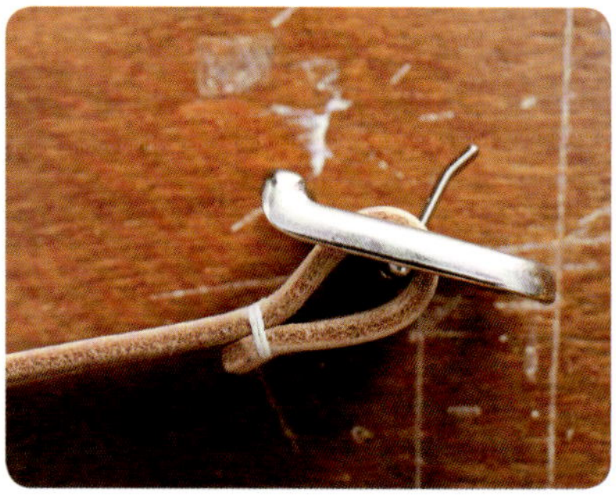

26 将皮带头装好并固定。

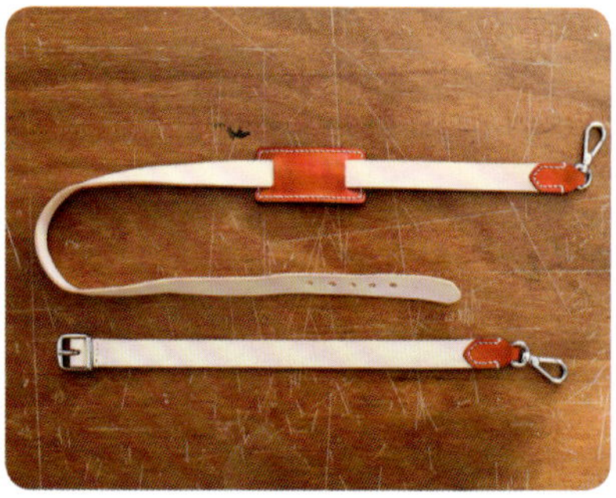

27 背带完成的样子。

finish!

使用欧洲植物鞣皮革，因皮面光滑所以染色性佳；使用单一红色来搭配皮革原色充分表现出皮革的优点，又不失北欧风给人带来的温暖感。包包小而轻巧，可以想象得到背着它赤裸着脚，在洒满阳光的草地上悠悠漫步的快意舒适。

原色设计两用包

绢印+刺绣+针毡+手绘

如果你想在一些温馨的日子里送出带有北欧风格的手作小礼物，不妨从图案开始设计，做出个人化的专属两用包。

设计示范／阿布豆・黄思静　文／张淳盈　摄影／詹建华

黄思静

乐于分享、创意源源不断的手作爱好者，享受创作新作品的脑力激荡，珍惜与手作为伍的简单生活。

阿布豆工作室

http://www.sweethause.com.tw

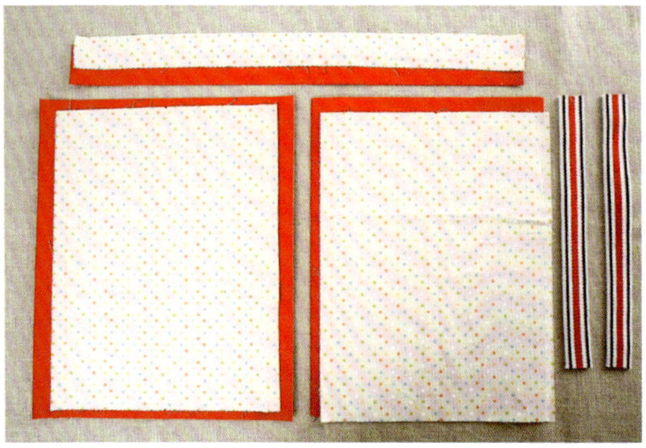

用各种技法玩图案设计

这次老师示范的包款裁制组合并不困难，加进一点小巧思就能变成提袋／手拿两用包，再结合容易上手的"绢印＋刺绣＋针毡＋手绘"技巧，单纯的包款也能玩得不亦乐乎。

主要材料

主体表布：27 cm×35 cm　2片、主体里布：27 cm×35 cm　2片
提手表布：53 cm×4.5 cm　1片、提手里布：53 cm×4 cm　1片
织带提手：32 cm　2条
注：若担心绢印图案时的误差值，主体表布的其中一片可以稍微裁大一点，待图案印好后再裁切。

实际尺寸：25 cm×33.5 cm

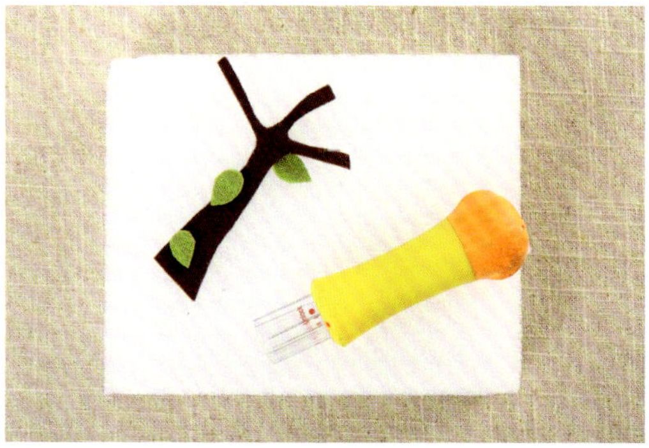

针毡工具

不织布、戳针、气泡垫
注：针毡工具可在手工艺店购买，小区域的戳制品戳针选择以单支针为佳，戳起来的成品会比较细致。

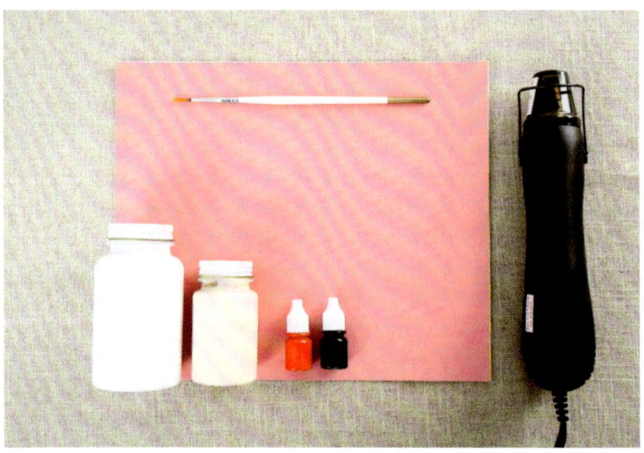

绢印工具

绢印框、刮板、印花浆、色母、发泡剂、卡典西德、热烘枪
注：绢印工具可在美术商店购得。卡典西德建议买厚的，绢印时比较不容易毁损。

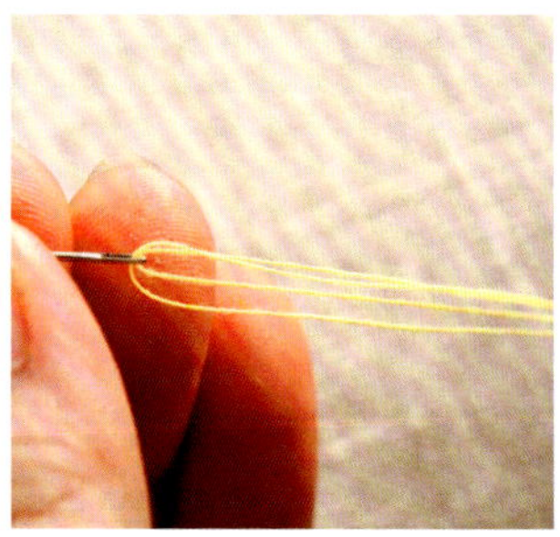

手绘工具

布用压克力原料
注：布用压克力原料可在美术商店购得，选用尖状出墨口的可以直接当画笔使用。

刺绣工具

针线
注：刺绣不一定得用绣线，把手缝线回穿成四股，缝出来的线条宽度就有绣线的视觉感了。

step by step

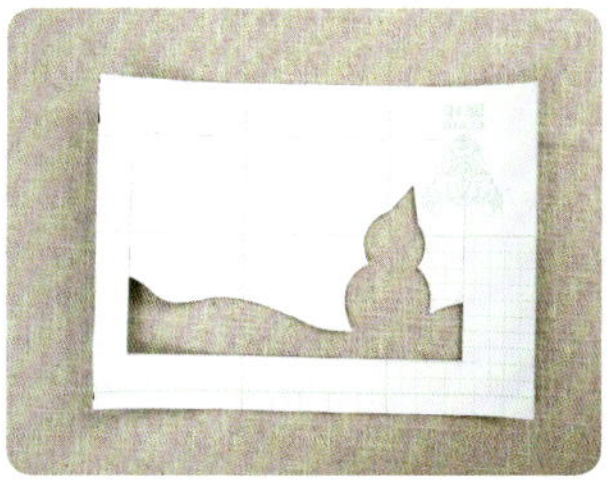

01 将卡典西德印上喜欢的图案后，以笔刀或美工刀割除要绢印的区域。

02 撕开镂空的卡典西德，粘贴在绢印框绢网上。

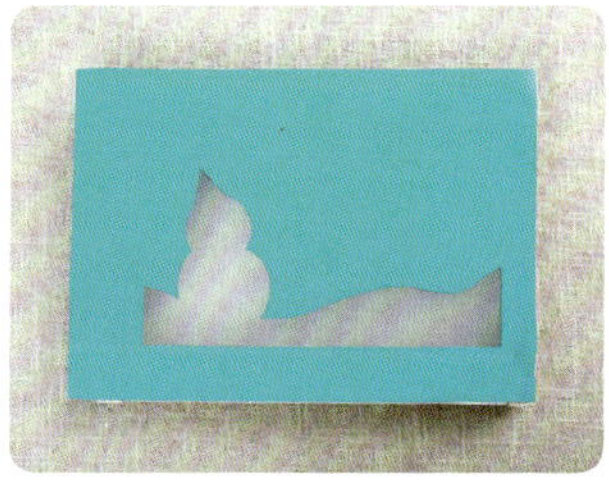

03 平贴如图示。

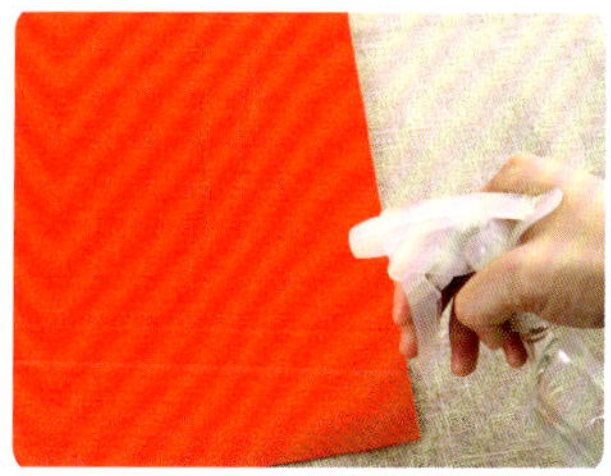

04 范例中使用的是较不易吸附水分的帆布，可先在帆布上喷少许水，以使布料更易吸附染料。

05 将绢印框移至帆布上，对准要绢印的区域。

06 第一次上染料要把印花浆先抹在图案上方，不要直接抹在帆布区块，避免上色不均。

07 用刮板由上往下来回抹平印花浆。

08 于左侧再抹上适量印花浆，由左往右来回抹平印花浆。

09 拿开绢印框，静置让印花浆干燥。绢印框马上放到水槽中浸泡以免干掉不好洗，卡典西德洗净可以再利用。

10 以画笔蘸发泡剂，抹在雪地区域，颜料不需抹平，可以凹凸起伏，起泡效果会更好。

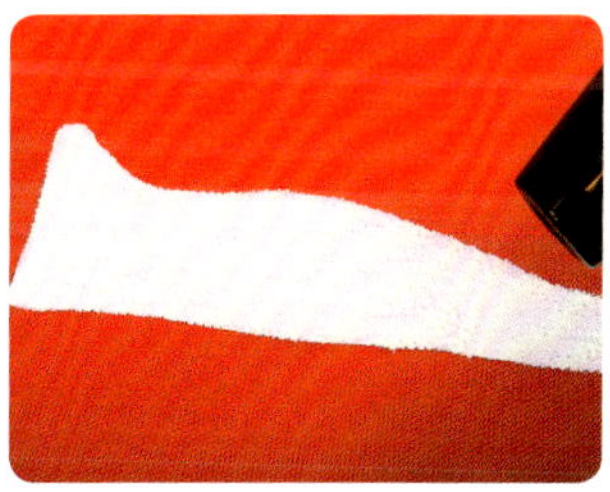

11 以热烘枪烘至起泡剂区域的颜料膨起。

12 取布用复写纸，垫一层塑料袋后放上雪人图，依图示画出五官和配件区。放上塑料袋可避免戳破复写纸。

13 取蓝色、红色色母，加入印花浆和发泡剂调匀，成为咖啡色印花浆。

14 用咖啡色印花浆涂匀雪人帽子、围巾、纽扣。

15 取布用压克力颜料画笔，画上雪人的五官。

16 将不织布剪出树干和树叶状，用戳针戳入帆布中。

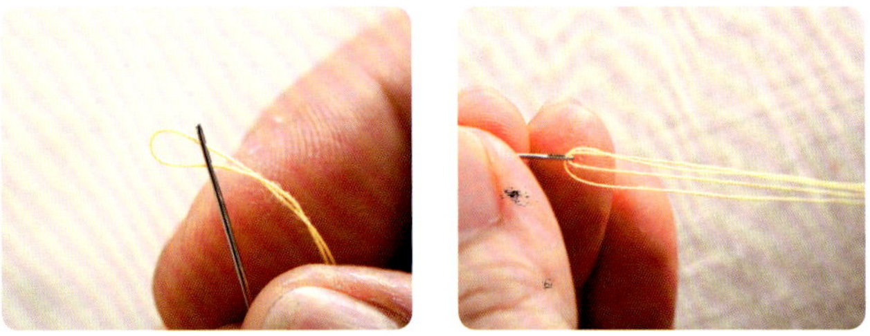

17 取手缝针，黄色手缝线（或其他喜欢的颜色）对折穿入针孔拉出成四股。

18 同步骤12，布用复写纸技法复写出背面的图案和字。

19 依步骤18，将底图以平针缝绣出图案和字。

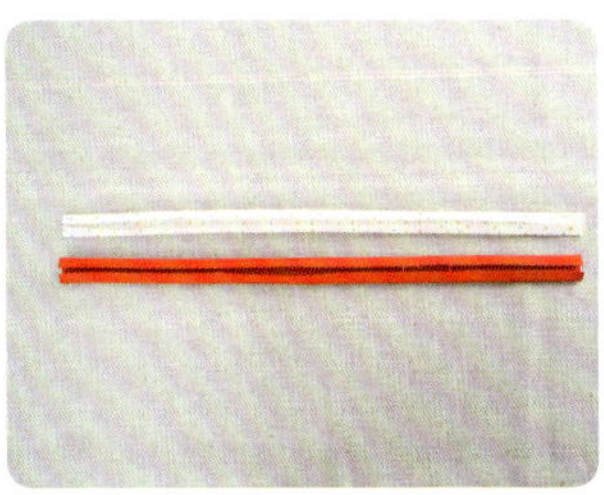

20 取提手表布和里布向中线对齐折起，以熨斗烫平。

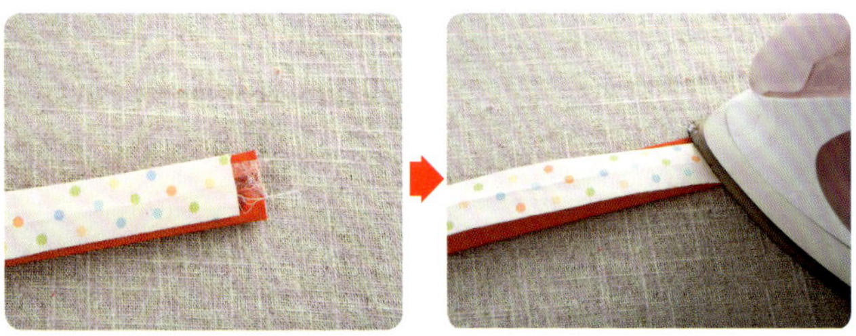

21 取布用热熔胶带黏合提手的表布和里布，用熨斗将提手表布与里布烫粘在一起。

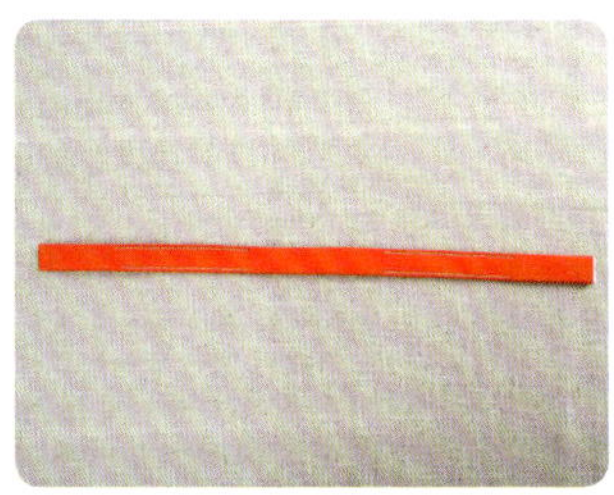

22 画出提手中间线，再取左右两侧中间约10 cm长，车缝提手边缘装饰线，如图示。

23 表布正面对正面，先车缝一侧边后摊开，熨平缝份。取水消笔在提袋中间画一条直线。

24 取步骤22的提手，与水消笔画的直线对齐，以珠针固定，车缝图示绿色线条处。

25 表布正面对正面以珠针固定，车缝底部和侧边。

26 底部两端用剪刀斜剪出牙口（避免翻出来的袋底角不平整）。

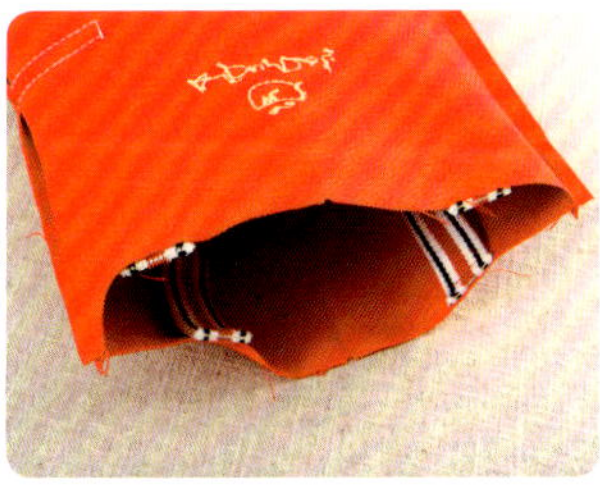

27 量出提袋中心点，左右各留5 cm，缝上织带提手。

28 里布正面对正面，以凵形车缝固定，底部留约10 cm的返口，然后翻回正面。

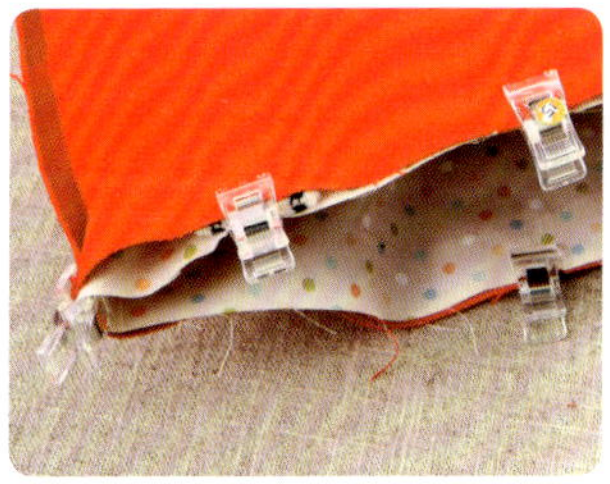

29 将制作好的表布和里布内袋正面对正面相对套入，以强力夹固定。

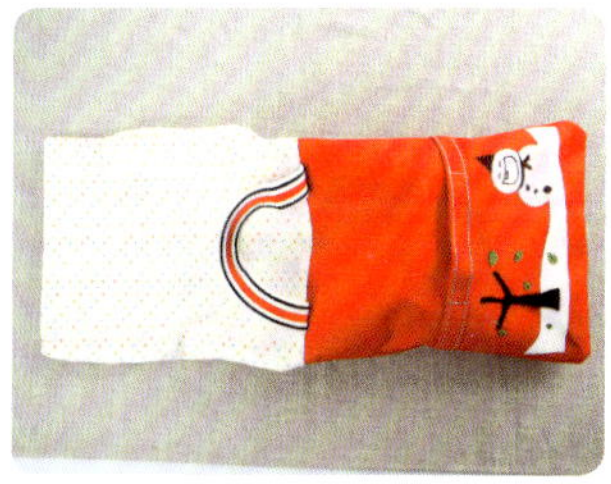

30 车缝袋口后，从返口拉出表布袋。

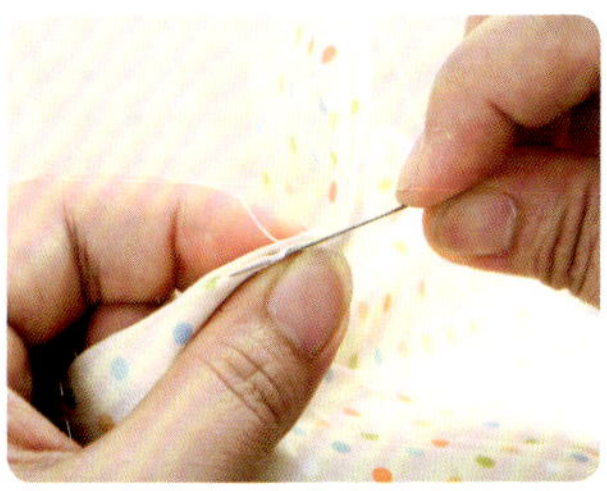

31 将里布返口以藏针缝缝合。

32 最后在袋口处车缝装饰线即可。

finish!

完成！实用的提袋单品，向内对折就是小巧的手拿包或袋中袋。

北欧田园乡村风

亲子圆底野餐提袋

浅蓝底碎花配上红色格纹，洋溢着北欧田园景致般的清新风格，让人仿佛走进微风轻吹的草原。选一个阳光明朗的周末早晨，带上色彩如此轻快的野餐提袋，享受亲子同游的欢乐时光吧！

示范／花木棉·林翠华　文／Yi-Chih　摄影／王正毅

Tips 北欧风元素呈现

1.清新的配色。

2.碎花与格纹是北欧田园乡村风最常见的元素。

3.木扣与皮绳增添质朴自然风味。

不同花布营造不同氛围。

主要材料

表布50 cm、里布50 cm、织带100 cm、厚布衬、薄布衬、皮绳、木扣

用布说明

裁布请参考附录B纸型

step by step

用布准备

01 表布2片、底布1片，各依纸型裁好。

02 表布烫上厚布衬。

03 合印记号做在厚布衬上。

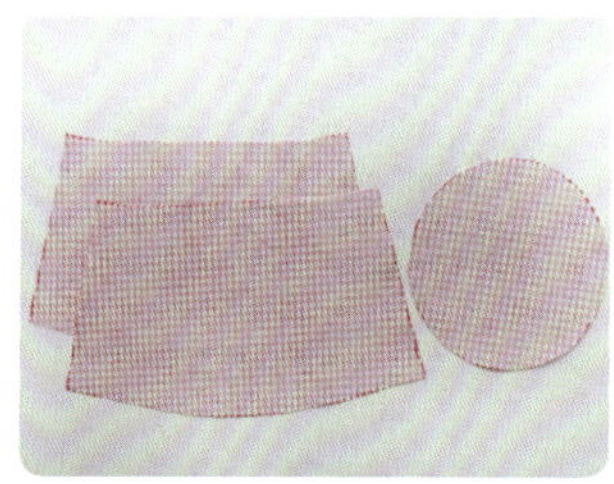

04 里布2片、里底布1片，均烫上薄布衬。

05 里口袋1片、口袋盖布1片，也烫上薄布衬。

表袋袋身制作

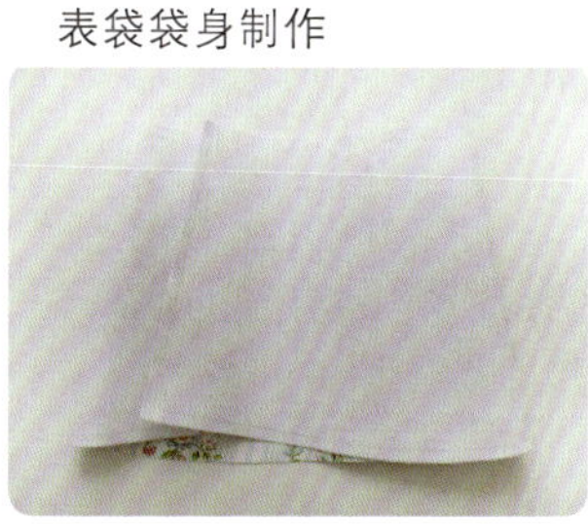

06 表布车缝两侧，接合起来。

07 将两侧缝份熨开。

08 两侧接线正面左右各距离0.2 cm处压缝装饰线。

09 将底布与袋身车缝起来。

10 翻回正面。

11 距底布0.5 cm处压缝装饰线。

简易扣带、提手制作

12 利用皮绳制作简易扣带固定在外袋后中心，皮绳长度20.5 cm。

13 扣子固定于外袋前中心（布边向下约6 cm）。

14 织带固定在提手位置。

里口袋制作

15 里口袋的袋盖车缝两侧（对折后需有落差0.5 cm）。

16 口袋翻回正面整理熨烫。

17 里口袋车缝三边留一返口翻回正面。

18 口袋正面车缝距离1 cm装饰线。

19 里布侧边约5 cm处固定装饰缎带。

20 里口袋车缝于里布袋身（布边往上3 cm）。

21 里口袋袋口处车缝倒三角加强。

22 袋盖车缝于口袋上方约4 cm处。

23 袋盖翻到正面，如图压缝0.5 cm装饰线。

里袋袋身制作

24 里袋车缝袋身两侧。

25 返口处车缝大针脚。

26 里袋两侧接线正面左右各距离0.2 cm处压缝装饰线。

27 返口拆开。

表袋、里袋组合

28 车缝里袋底。

29 内外袋正面相对车缝袋口一圈。

30 由返口翻回正面，返口以藏针缝缝好，袋口压缝0.5 cm装饰线。

31 提手处对折车缝褶子，完成。

同款小提袋 Plus!

做法相同，但尺寸比例缩小，并以花布车缝成提手取代织带，视觉上更活泼。
（裁布请参考附录B纸型）

青鸟围裙+小鸟隔热手套

森林女孩的居家工作服

示范/阿福　文/王韵铃　摄影/王正毅

idea1 青鸟围裙

青鸟飞呀飞，捎来幸福的消息！童话故事中的青鸟和花叶图腾以鲜明饱满的色彩点缀在一片素灰色当中，如同北欧人一贯的配色法，展现简约中富有生气的居家表情。

桃红色阿福

从小就爱动手做，手作对她来说就是一种生活方式，喜爱简单不复杂、贴近生活味道的作品，在慢时光中体验生活的美好。

好时光，慢时光

http://tw.myblog.yahoo.com/biz_0000

北欧风元素呈现

Tips

1.不复杂，流畅简洁的线条。

2.大地色配高彩度的颜色，例如：咖啡配正黄。

3.使用自然的材质：羊毛毡、不织布、麻布。

用布说明

裁布、缝份示意图（单位：cm）

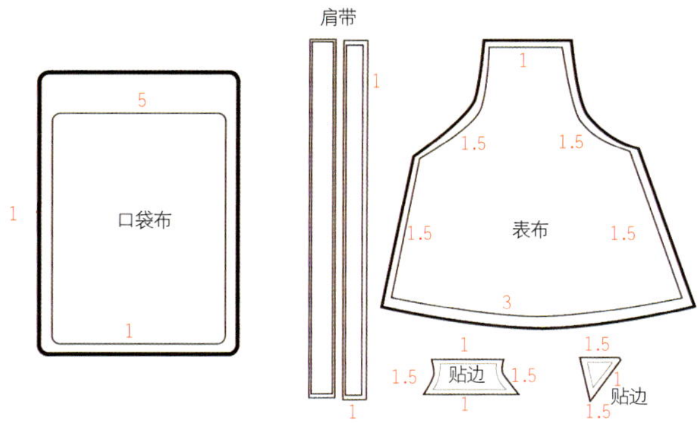

主要材料

表　布：100 cm（裁布请参考附录B纸型）

不织布：数块

口袋布：1片

肩带布：6 cm × 55 cm　2条

step by step

01　口袋布边拷克，将缝份内折，袋口先折入1 cm再往下折4 cm压线固定。

02　按照纸型口袋位置将口袋布缝上。

03　剪下不织布图案，随意排列于表布上，在边缘压线固定。

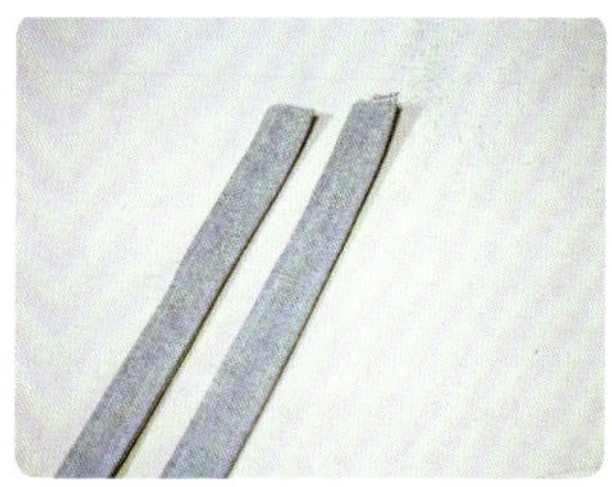

04　肩带布车缝之后翻至正面压线。

05　将肩带布对准记号点疏缝。

06　肩带交叉放置。

07　上贴边下方往内折1 cm，其余部分按缝份车缝。

08　三角贴边做法如上贴边。

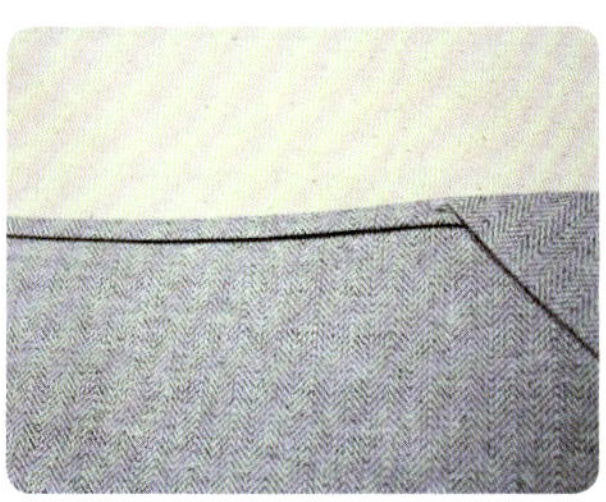

09　将贴边翻至正面，缝份往内折三折。

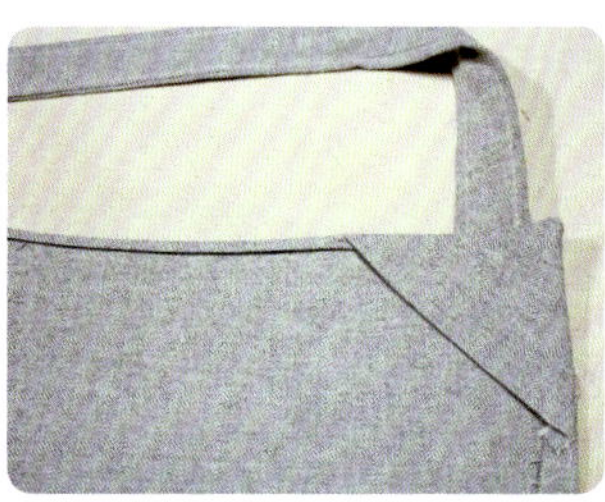

10　整体压线。

11　下摆折三折压线即完成。

idea2 小鸟隔热手套

和青鸟围裙配成一组的隔热手套，同样以大地色底布搭配明亮的圆点图案布，小鸟造型可爱又实用，让厨房工作多了一丝玩游的趣味。

主要材料

表布：2片
里布：2片
厚铺棉：2片
花布：2片
不织布：1片
织带：1片

用布说明

裁布请参考附录B纸型

step by step

01 依照纸型外加缝份剪下身体与翅膀布片，翅膀布片以贴布缝上。

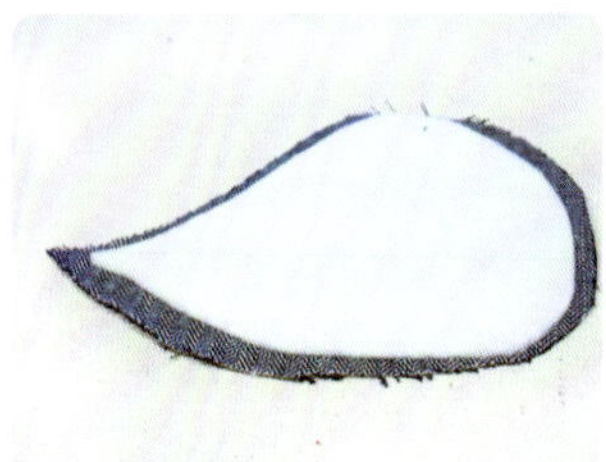

02 背面烫上厚铺棉。

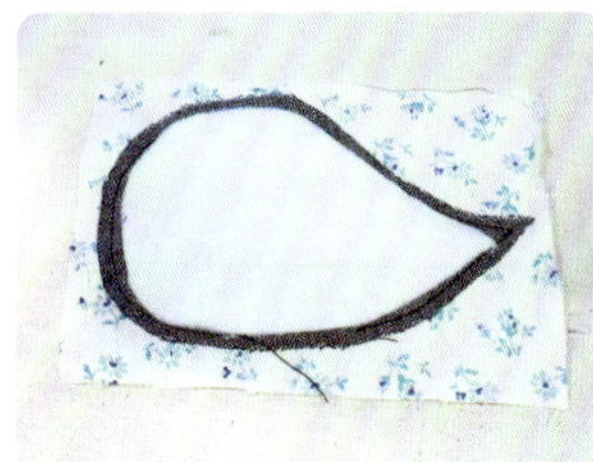

03 与里布正面相对，下方留一返口，沿着完成线车缝之后再修剪里布。

04 翻至正面缝合返口，另外一片做法相同。

05 缝上眼睛。

06 缝上不织布嘴巴。

07 头顶放入织带，两片用卷针缝缝合即完成。

简单家饰品营造日常北欧风

面纸盒套＋抱枕套＋短窗帘

来自丹麦的花布和格子布，交融组合出可爱中带有成熟、甜美中带有优雅的家饰品，不管是面纸盒套、抱枕套或短窗帘，都能在爱意浓浓的季节，点缀缤纷的生活风景。

示范／布可　文／Rong　摄影／王正毅

用布说明

三个作品使用的都是来自丹麦的布料，颜色与花样都很缤纷；不同于日本布料常见的棉麻布，欧洲布的特色就是几乎都是纯棉布，所以在制作时建议先以珠针别好固定之后再车缝，多一个步骤就可避免布料乱跑移位，也让作品更细致更好看。

布可玩铺

为了一圆手作梦而辞掉稳定的工作，从上班族变成手作老师，在桃园的布可玩铺，是一个什么手作都可以玩的空间，布可老师也在这一方小小的园地里，玩出缓慢又舒适自在的步调。

布可玩铺部落格

http://www.wretch.cc/blog/bucosky

北欧风元素呈现

Tips

1.自然的图腾：花草、树木、动物等贴近自然、日常生活的图腾与内容，简单又舒适，是营造北欧风不可或缺的元素。

2.简单流利的构造：方形也好，流线也罢，不管是什么形状的设计，简单利落不啰唆的质感，是北欧风最吸引人注意的特点。

3.多样、缤纷色彩：红、白、蓝等鲜艳的缤纷色彩，在北欧的冰雪中格外醒目，也因此特别受欢迎，不用犹豫，大胆地用色，让五彩缤纷装点你的生活吧。

花漾面纸盒套

带有蓝色、红色与粉色的大小花团，搭配局部的红白方格布，整件作品洋溢着小女孩的可爱与大女生的成熟，锦上添花的抽口布与蕾丝，更让使用者每天都有好心情。

主要材料

表布花布 45 cm×33 cm、里布格子布 45 cm×33 cm、抽口布 30 cm×8 cm、蕾丝 2 cm×21.5 cm、松紧带 14.5 cm、松紧带表布 21 cm×5.5 cm（含缝份）

用布说明

裁布请参考附录A纸型

step by step

01 依纸型裁好表布、里布，表布里布正面相对后画出抽口位置，并以珠针固定。

02 沿抽口记号处车缝一圈，并于中间画一道线。

03 沿线先以拆线刀开口，再用剪刀将抽口部分剪开。

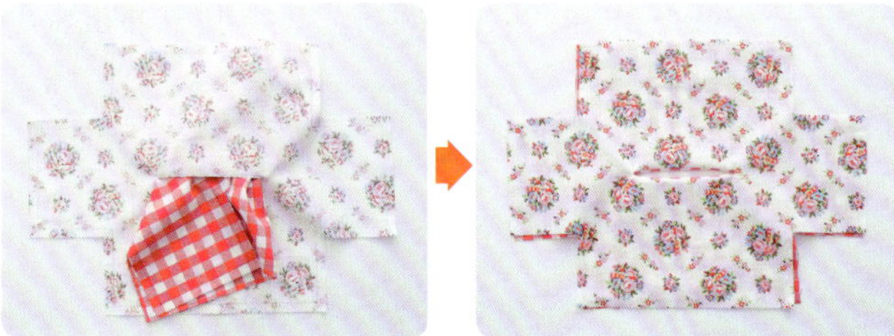

04 从抽口处将里布的正面翻出，翻成表、里布背面相对并整理熨烫。

05 整理熨烫后沿抽口边缘0.3 cm画一圈做记号，以珠针固定后沿线车缝一圈。

Point 整理熨烫时，可以留一些里布不烫进去，这样会较有层次感。

06 抽口装饰布正面对正面，对折，以珠针固定两端后车缝（缝份0.7 cm）。

07 车缝好后翻回正面，以锥子将转角处整形后整理熨烫。

08 距开口0.5 cm处小抽褶至18 cm长。

09 表布上，找出抽口中心点，并在距抽口2 cm处画线做记号。

10 步骤8的抽褶布以珠针固定于表布的记号处。

11 将抽褶布车缝于表布上（缝份0.5 cm）。

Point 车缝在表布上即可，不要车到里布，这样完成后才漂亮。

12 在刚刚画记号的上方0.5 cm处画记号，蕾丝两端折进去0.7 cm，以珠针固定在记号处。

Point 蕾丝的两侧各比抽褶布多出1 cm。

13 沿着蕾丝的边缘车缝一圈，完成抽口处装饰。

14 表布与表布正面相对，将袋身侧边两片相接，以珠针固定后车缝，内袋亦同。

15 将缝份熨开。

16 表里布下方缝份皆内折1 cm，烫平备用。

17 松紧带表布正面相对对折，长边车一道线（缝份0.5 cm）。

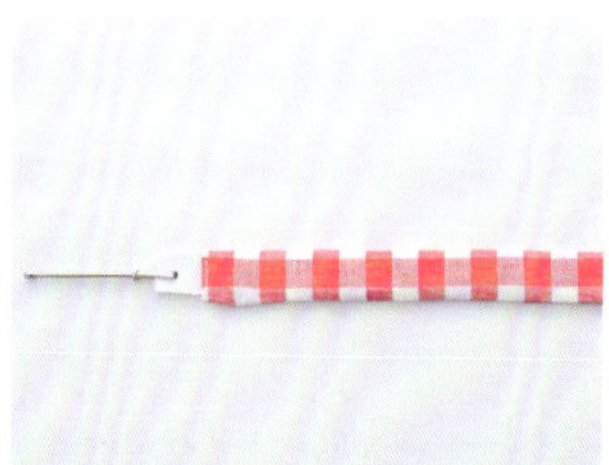

18 翻回正面，将松紧带穿入。

19 车缝固定松紧带的两端于布的两端。

20 以珠针固定表里布下方，并将松紧带布固定于中点处。

Point 先别一端，车缝至另外一端时再别上，这样会比较好车缝。

21 距底部0.4 cm处车缝固定袋子下缘，完成。

花漾抱枕套

小花与方格的比例搭配得刚刚好，加上有点闪亮的贝壳扣子，
走有点低调又有点炫耀的气质路线，绝对是这一季最柔软舒适的陪伴。

主要材料

花布：47 cm × 38 cm　1片
格子布：47 cm × 65 cm　1片
扣子：7颗
完成尺寸：45 cm × 45 cm

step by step

01　格子布侧边烫1 cm，再折3 cm烫平。

02　在格子布烫折处以珠针固定，并于烫折的3 cm两侧0.3 cm处各车缝一道。

03　在车缝好的3 cm上，距两侧各6.4 cm处做记号，中间每隔5.7 cm做一个记号，共画7个扣眼记号。

04　以缝纫机车出扣眼，并以拆线刀裁开中间处，开出7个扣眼。

05　花布侧边烫1 cm，折1 cm烫平。

06　以珠针固定烫好的1 cm处，并车缝。

07　格子布与花布正面相对，车缝缝合未处理的那一侧。

08　利用拷克机，拷克车缝的边。

Point　没有拷克机的话，也可使用缝纫机的拷克功能，此步骤目的是让抱枕更坚固耐用。

09　将两侧正面相对往内折，格子布在下，重叠5 cm至上下边距离46 cm宽（含缝份1 cm）。

10　珠针固定两侧，车缝后以拷克机拷克布边。

11　翻回正面，整理熨烫。

12　在扣眼中央处做记号，并缝上7颗扣子。

花漾短窗帘

窗帘的面积较大，想要变化室内氛围时，利用窗帘是相当便利、效果又好的方法。花布与格子布的组合，点缀出窗明几净的明亮感，更有诉不尽的北欧味儿。

step by step

主要材料

窗帘身布(花布)：146.5 cm × 50 cm　1片

穿杆布（格子布）：11 cm × 27 cm　9片

蕾丝扣：　9 颗

01　将穿杆布正面对正面对折车缝П形一圈，中间需留一返口，缝份为1 cm。

02　左右两边剪斜角，斜角距边0.2 cm。

03　从返口翻出，翻回正面并整理熨烫。

04　距边0.4 cm车缝口形一圈。

05　将窗帘身布左右两边1.5 cm处两折缝份熨平。

06　距边1.3 cm各车缝一道。

07　上下亦先将1.5 cm两折缝份整理熨烫。

08　距边1.3 cm各车缝一道。

09　将第一片穿杆布对折放在距右侧2 cm及距上缘6 cm位置做记号。

10　将每片距离12 cm亦做记号。

11　将每片穿杆布距窗帘身布0.5 cm处车缝一道固定。

12　翻回正面，整理熨烫后，将9个蕾丝扣缝上，完成。

布+羊毛毡+毛线

童话风图案包

以羊毛在布料上戳出可爱的具有北欧风的图案，童话般的感觉，温柔、温暖的特性，搭配触感柔和的毛线织片与自然感的布料，拼接成为俏皮中带有浓浓疗伤系味道的手感小包，为每一个拿到它的人带来温馨无比的暖意。

示范 / 熊脚丫（Miki & 乔）文 / Rong 摄影 / 王正毅

熊脚丫

Miki，喜欢拼布、编织、十字绣等手作，作品呈现清新的杂货风和可爱的童趣风，与喜爱羊毛毡的女儿乔有一间名为"熊脚丫的手作杂货屋"的小屋，在小屋里和喜爱手作的朋友们，还有两只可爱的店猫，度过快乐的手作时光。

熊脚丫手作杂货屋 Bear's Paw

台北市大龙街48号

02-2598-0038

http://www.wretch.cc/blog/miki3home

part 1 羊毛毡 戳出暖暖疗伤系图形

利用羊毛，用在布料上戳刺的方式，便可完成可爱又温暖的童话风图案。只要掌握要诀，就可依喜好设计不同的图形，搭配运用在作品里，更有手作质感；特地加厚的羊毛毡，也带来挡也挡不住的温馨感。

主要材料

羊毛：红色、绿色、白色、黄色、粉红色、蓝色、肤色、黑色各少许。

step by step

童话风羊毛毡图案

01 以水消笔在布料上画出图形轮廓。

02 取红色羊毛搓成条状，在蘑菇菇伞边缘先戳出轮廓，再取片状羊毛将菇伞轮廓填满。

Point 一边戳，一边以手摸确认羊毛的厚度均匀与否，若不够均匀便再取羊毛戳在较薄处，直到均匀为止。

03 多余的羊毛以小剪刀剪掉。

04 取白色羊毛，利用手掌或者手指将其搓成一个个小颗粒。

05 将搓出来的小颗粒用戳针戳在菇伞上，位置可参考作品图或自行变化。

06 取肤色羊毛戳出蘑菇蒂。

07 取绿色羊毛，抓松一点之后再戳于蘑菇蒂底端，留些空洞。底部再以搓成条状的绿色羊毛戳出轮廓。

08 用深浅不同的两种绿色，戳出下方的绿草。

Point 用深浅两色交错，可制造层次感，让作品更有质感。

09 戳出两侧的小草，完成。

羊毛毡球

01 取一条状羊毛。

02 从一端将羊毛扎实地卷起来。

03 利用戳针边戳边整形，戳一戳就拿起来以双手手掌像搓汤圆那样搓一搓，以利整形。

04 戳至毡化即完成。

Tips 北欧风元素呈现

1.童话感造型：北欧是安徒生童话的故乡，许多充满童话感的造型如俄罗斯娃娃、村姑小女孩、雪人等，都能营造浓浓的北欧风。

2.温暖的材质：地处北国的寒冷气候，温暖是绝对不可或缺的因素，选用毛线、厚重些的羊毛毡等，都是营造北欧风感觉的好方法。

3.缤纷的色彩：虽然是长年处于冰天雪地里，北欧风的设计可从来不会少了缤纷的色彩，鲜明的用色与活泼的搭配，让人耳目一新。

part 2 童话风手感暖暖包

结合布料、毛线与羊毛毡的小包包，融合了各种带有温暖感受的素材，加上可爱的北欧童话风图案，绝对是人气超高的温暖随手包。

主要材料

表布A：13 cm × 10 cm，已戳好羊毛图案 2片

表布B：8 cm × 11 cm 2片

表布C：7 cm × 11 cm 2片

表布D：6 cm × 19 cm 2片

里布：51 cm × 19 cm

口布：6 cm × 17 cm 2片

蕾丝：1 cm × 11 cm 2条

织带：1.5 cm × 6 cm 1条

小扣子：2颗

马海毛平面织片：19 cm × 19 cm 1片

毛线钩织提带：2条

小毛毡球：2颗

step by step

01 拼接表布。先取B疏缝蕾丝+C，再拼上A、D。

02 将拼接完成的两片表布的底侧与马海毛织片缝合。

03 口布两侧缝份往内折、压缝，上下对中折烫。

04 将口布、缝上小扣子的装饰织带疏缝于表布上。

05 车缝表布两侧，并抓底4 cm。

06 车缝里布两侧，留返口，并抓底4 cm。

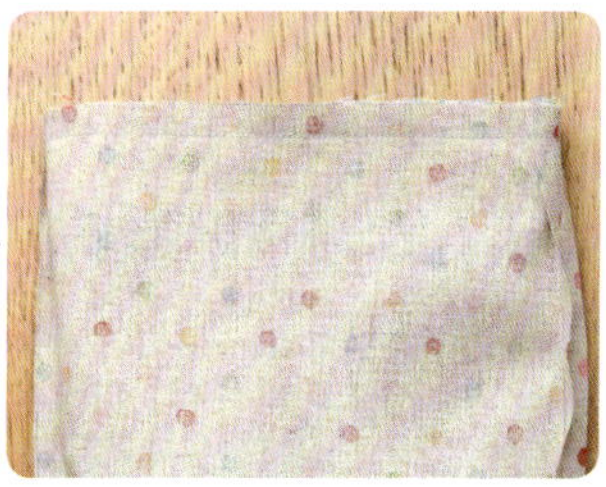

07 将表袋（表）套入里袋（里），口部车缝一圈。

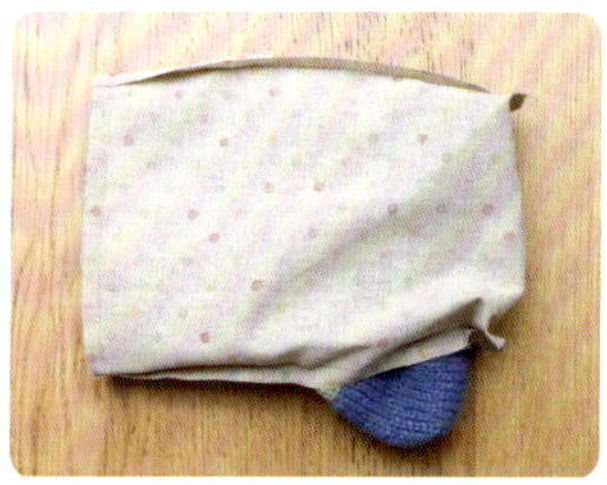

08 由里袋返口将表布拉出，翻回正面，整形并缝合返口。

09 以穿松紧带器将两条毛线钩织提带穿入口布中，两端打结。

10 取锥子在毛毡球上刺洞。

11 以毛线针将打结之后的两条毛线钩织提带穿入毛毡球，再打死结固定。

finish!

毛线配件做法

Plus!

马海毛平面织片：取2股马海毛线，以8号棒针起40针，平针织48行，完成尺寸为19 cm × 19 cm的织片。

毛线钩织提带：取2股马海毛线，以7/0号钩针钩锁针70针即完成。

不织布+绢印+手绣

手感袋物三件组

简单清新的布料配色，结合不织布针戳、绢印及手绣等有趣好玩的手法，再加上灵感来自北欧大自然的树林、草叶、雪花等图案，完成了如此可爱的北欧风小品三件组。

示范/阿布豆·黄思静 文/Yi-Chin 摄影/王正毅

idea1 吐司化妆包

小巧的吐司化妆包外形线条十分可爱，不织布搭配手缝绣出树林的意象，另一边则绣上了可爱的笑脸，若是绣上圣诞树、麋鹿或北欧童话中的精灵图案，北欧风会更浓厚喔！

Tips 北欧风元素呈现

1.红与白的色彩搭配，洋溢着来自北欧的爽朗明快的气息。

2.雪花图腾的运用，不仅具有圣诞气氛，还带着童话风味。

3.条纹布搭配素布，散发着清新设计感。

4.不织布剪出了草叶和树木图案，再搭配手绣技法，呈现出北欧自然风。

step by step

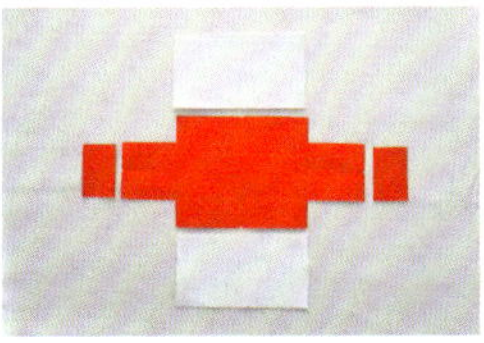

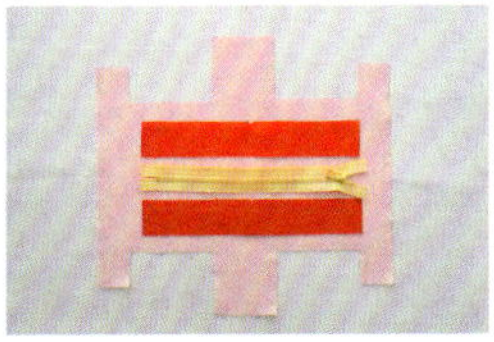

主要材料

表布白色棉布：21 cm×7 cm　2片
表布红色帆布：A 27 cm×11 cm　1片
B 21 cm×2 cm　2片
里布：27 cm×29 cm　1片
挂耳布：4 cm×6 cm　2片
绿色不织布：依自己喜欢的图案裁下

01 于白色棉布上针戳固定上绿色不织布图案。

02 以轮廓绣绣出树干。

03 棉布与红色帆布A正面相对车缝一直线。

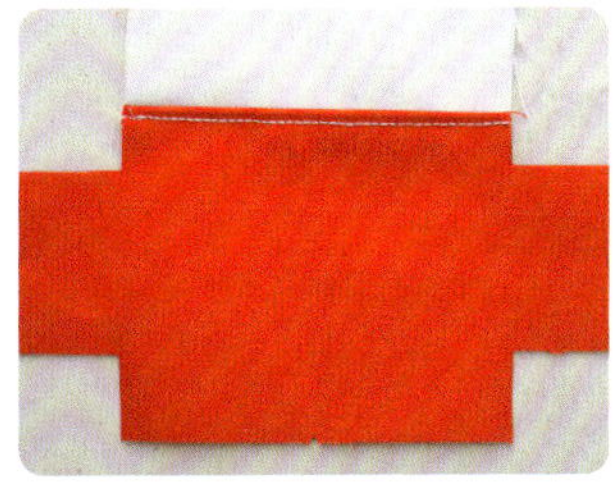

04 翻至正面车压装饰线；同步骤3将另一片白色棉布与红色帆布A正面相对车缝一直线。

05 将复写纸放置于白色棉布及要复印的图案中间，并以针笔描出图案。

06 已将图案转印至白色布料上方。

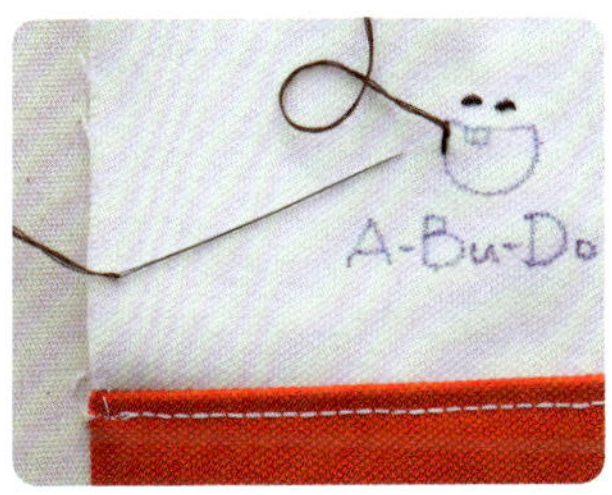

07 再以轮廓绣绣出图案。

08 将红色帆布B与白色棉布正面相对如图车缝一直线。

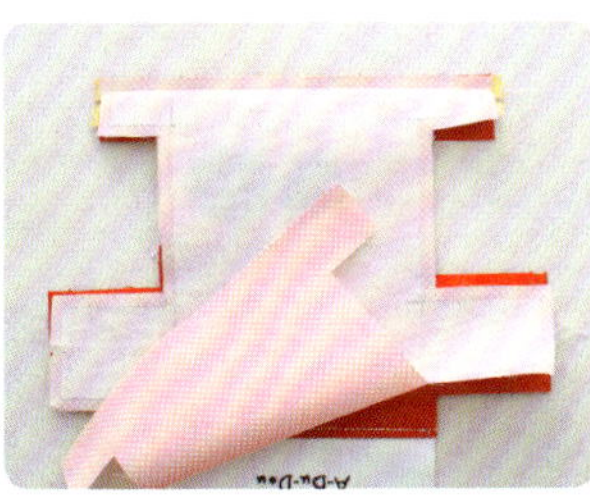

09 表里布夹车拉链并车缝。

10 翻至正面车压装饰线。

11 同步骤9及10完成拉链的另一边。

12 将挂耳向内折1 cm后车缝两条直线。

13 将挂耳对折固定于表布红色帆布A上。

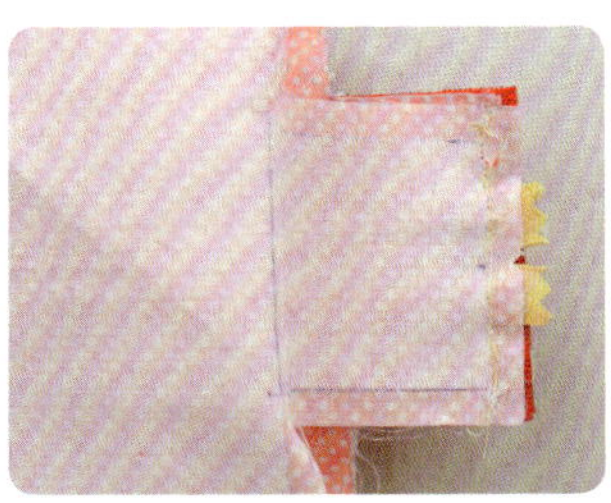

14 并如图将表里布的侧边车缝固定。

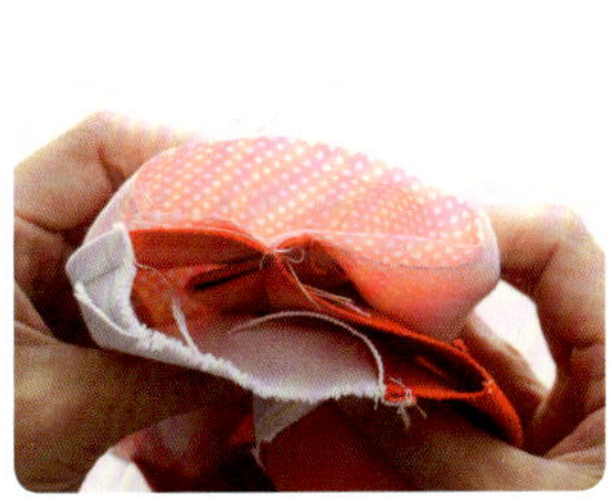

15 如图将表里布的侧边抓起并车缝，一共有四边，并于任一边的里布留下返口。

16 由返口翻至正面后，以藏针缝缝合返口。

idea 2 自然风束口袋

清新版束口袋，条纹棉布与白色棉布的组合十分清爽，搭配了绿色不织布叶片图案，就像北欧草原上刚刚冒出的嫩叶新芽，展现了蓬勃的生命力！

实际尺寸：20 cm×27 cm

主要材料

白色棉布：21.5 cm×27 cm　1片
　　　　　21.5 cm×13.5 cm　1片
条纹棉布：21.5 cm×11 cm　1片
里布：21.5 cm×55.5 cm　1片
绿色不织布：依自己喜欢的图案裁下
棉绳：50 cm　2条

step by step

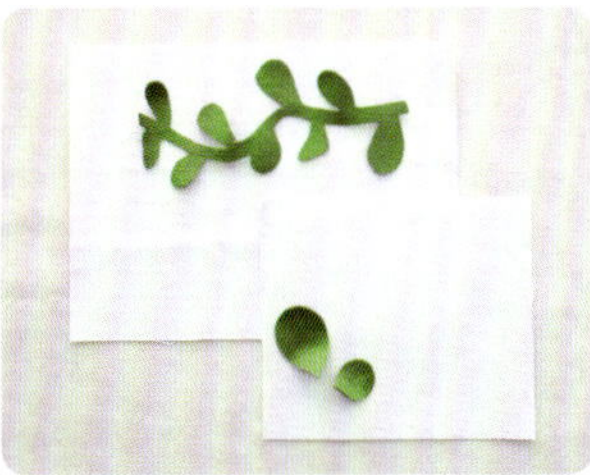

01　将绿色不织布剪下叶子图案，并分别放在白色棉布上。

02　以针戳将不织布图案沿着边缘戳，固定于白色棉布上。

03　两片白色棉布上的叶子皆固定好。

04　针戳固定之后背面的样子。

05　白色棉布与条纹棉布正面相对车缝一直线。

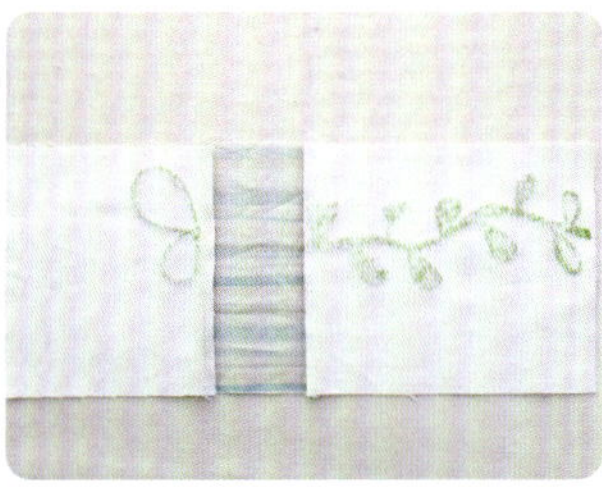

06　将另一片白色棉布与条纹棉布正面相对车缝一直线。

07　于正面车压装饰线。

08　表布与里布正面相对后车缝上下两短边。

09　使表布正面相对，里布正面相对后，如图车缝至2 cm处。

10　由未车缝（2 cm+2 cm）处翻至正面。

11　将里布套入后由上方2 cm处车缝一圈。

12　以穿带器固定棉绳，顺时针方向套入2 cm处一圈后打结。

13　再用穿带器固定另一棉绳，逆时针方向套入2 cm处一圈后打结。

14　完成。

idea 3

雪花图腾笔袋

北欧是传说中圣诞老人的故乡，雪花缓缓飘下，落印在红色笔袋上，带来了圣诞节庆的温暖意象。

实际尺寸：21 cm×11 cm

主要材料

红色帆布：21 cm×9.5 cm　1片
　　　　　21 cm×16 cm　1片
里布：21 cm×23.5 cm　1片
皮料：2 cm×11 cm　2片
白色不织布：依自己喜欢的图案裁下

step by step

01 先割除要绢印的区域，将雪花图案以美工刀从卡典西德上裁割下来。

02 将镂空的卡典西德贴到绢印框的绢网上。

03 将绢印框放在要印上图案的布料上，并将染料适量放到绢印框上。

04 以刮板如图将染料刮印到布料上。

05 完成了简易绢印，等待染料干。

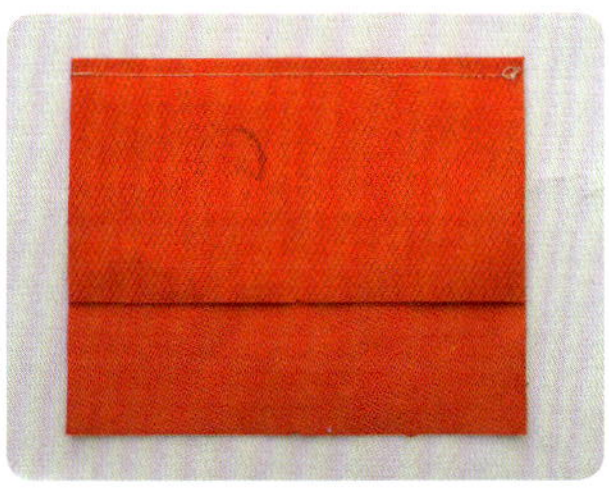

06 将两片帆布正面相对车缝一直线。

07 翻至正面后车压装饰线。

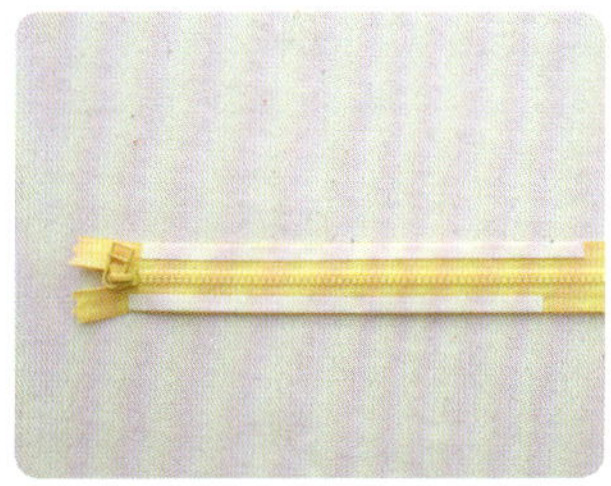

08 将拉链贴上水溶性双面胶。

09 表里布正面相对后夹车拉链。

10 翻至正面后车缝装饰线。

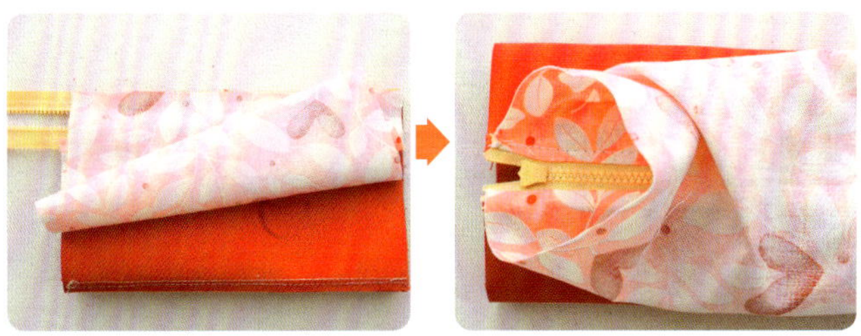

11 同步骤9及10完成拉链的另一边。

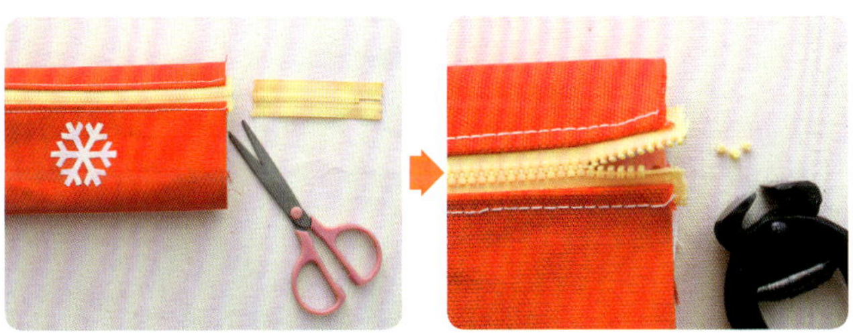

12 将多余的拉链剪掉并将后面的拉链齿去掉。

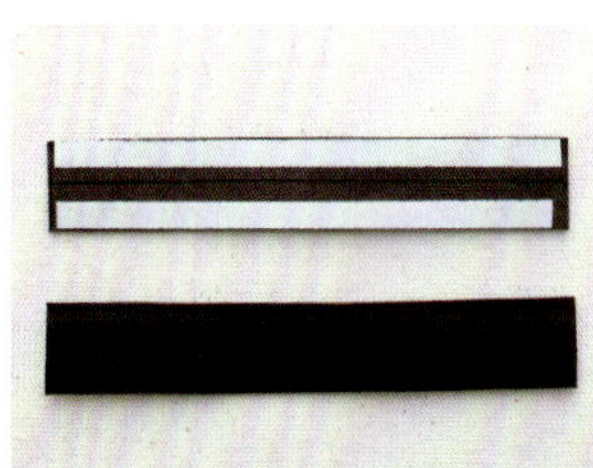

13 将皮料贴上水溶性双面胶。

14 皮料对折包住表里布的两条短边，车缝两条直线即完成。

专题策划二

增添立体感的拼布设计

有冈由利子·轻松甜美的拼布面貌

把拼布变好玩
褶花立体技巧一变多

粉色系玫瑰环绕
雅致格纹散步提袋与化妆包

活灵活现跃于包上
可爱立体小狗包

立体的餐桌风景
以童话故事为灵感的餐桌四件组

有冈由利子·轻松甜美的拼布面貌

拼布常常给人色彩沉重的印象，这一次有冈由利子老师的布料将赋予拼布更年轻甜美、更轻柔可爱的形象，融合各种女孩风的基本款图案布和碎花布，让搭配变得更不易出错。

资料提供／台湾喜佳　摄影／陈家伟

有冈由利子

师承于美国，现开设了“Cotton House ARIOKA”拼布教室。
也从事布料的相关设计，著有《有冈由利子的每日拼布》(日本VOGUE社)。

布料设计概念

这是拼布初学者和缝纫达人都相当适合使用的新款布料。除了小花、水珠等基本款图案布，还有活泼的中型花样图案布和易于搭配的格子布，布料组合的整体感强，单独使用简单好看，互相搭配也不会显得过度花哨，可丰富可素雅的特性让初学者更容易上手，轻松就能搭配出超满意的配色。

水珠点点系列

细小的点点图案，色调柔和、实用易搭，除了白玉拼布，作为夏威夷拼布的底布也相当适合。

碎花系列

布满小花及藤蔓的设计，不管是小范围还是大范围的使用都会很显眼。

细格纹系列

百搭的布色，与其他花纹及颜色组合不易出错，当做滚边及小布片来使用也很适合；用于压缝时相当适合3 mm的格纹。

把拼布变好玩

褶花立体技巧一变多

小小的几何图形通过不断地折叠、展开，就像小时候的折纸游戏，从平面到立体，变化出各种视觉层次，还能拼组出具体图案，增添布作立体感。

示范 / 台湾喜佳　叶嘉倩　文字整理 / 王韵铃　摄影 / 陈家伟

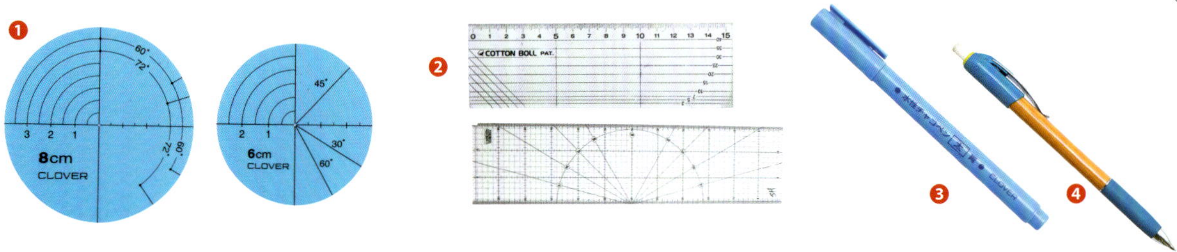

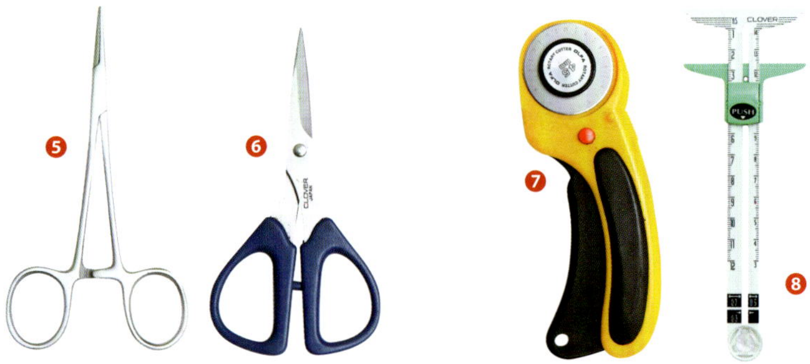

褶花制作必备工具

1.圆形制图辅助板
2.缝份尺
3.水消笔
4.墨西哥笔
5.钳子
6.小剪刀
7.裁刀
8.圆规

step by step

skill 1 圆形

单一片时是叶子，多片重叠，还可变成小花哟！

裁布尺寸

直径6 cm的圆

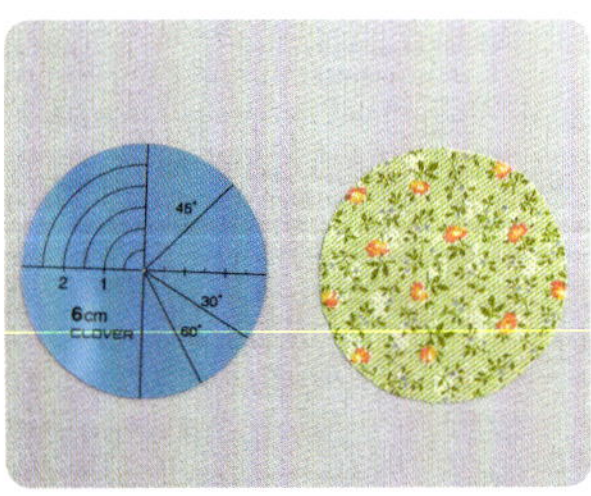

01 运用圆形制图辅助板直径6 cm的圆，裁剪布料。

02 将裁好的圆形对折成为半圆。

03 再对折成1/4圆。

04 运用平针缝手缝开口处。

05 将手缝线拉紧，完成。

叶嘉倩

喜佳资深专任老师，具有十多年教学经验，目前服务于台中中友百货喜佳专柜，擅长缝纫手作。

skill 2

正方形1

裁布尺寸

花布A：9 cmx9 cm　1片

花布B：9 cmx9 cm　4片

step by step

01 布料依尺寸裁剪好。

02 将花布B对折，熨烫为三角形。

03 将其中一片花布B对齐花布A的一角，以珠针固定。

04 依顺时针将4片花布B别上（每片皆一半在上面，一半在下面）。

05 四周车缝0.5 cm。

06 三角形中心往上翻开0.5 cm，手缝固定，完成。

skill 3

正方形2

裁布尺寸

花布A：21 cmx21 cm　1片

花布B：12 cmx12 cm　1片

step by step

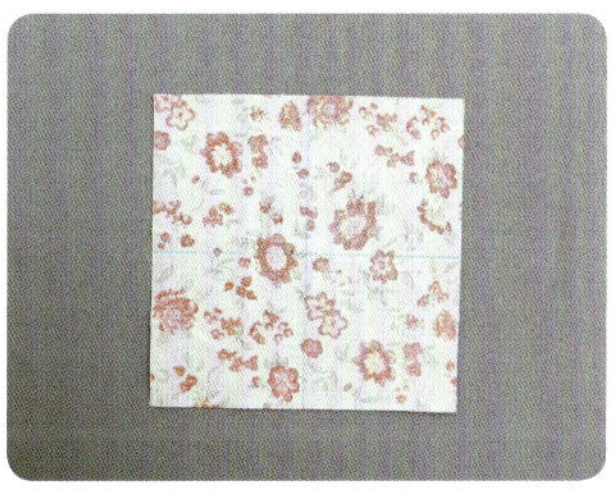

01 花布A的4个角往中心折烫，手缝十字固定。

02 做4等分记号。

03 相对的两边向中心折烫。

04 另两边做法同步骤3。

05 相对的4个角往外拉，整理熨烫好。

06 4个尖端往中心折烫，形成一个四方形。

07 将花朵叠在花布B上，将花朵打开，沿着花朵中心的正方形车缝一圈。

08 再将花朵折烫成原样。

09 中心手缝固定，4个尖端再往外拉出，手缝固定。

10 制作包扣。

11 将包扣手缝固定在立体花中央，完成。

skill 4

正方形3

裁布尺寸

17.5 cm × 17.5 cm

两色各1片

step by step

01 依尺寸裁剪好两片。

02 两片正正相对车缝一圈。

03 从返口翻回正面、整理熨烫，返口以藏针缝缝合。

04 上下、左右相对的两边向中心折烫。

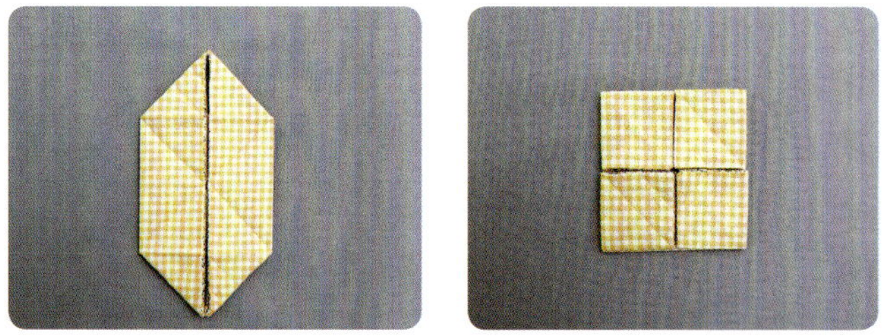

05 4个尖端往中心折烫，形成一个四方形。

06 中心的4个尖端分别往外烫1.5 cm，再烫成三角形。

07 手缝固定反折处，并在中心缝上包扣即完成。

skill 5

六边形1

裁布尺寸

对角线20 cm　1片

（烫薄衬）

step by step

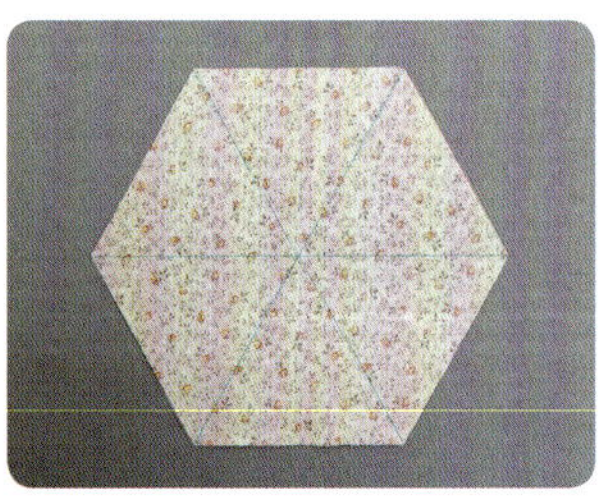

01 在布的反面画上对角线的记号。

02 取一边往中心折烫。

03 再依序将6条边往中心折烫（顺时针或逆时针皆可）。

04 将6个角打开烫平。

05 将每片花瓣往上拉至中间接合处形成一直线。

06 再往下折，即可完成花瓣。

07 缝合每个花瓣，中心缝上包扣即完成。

skill 6

六边形2

裁布尺寸

对角线22 cm，两色各1片

step by step

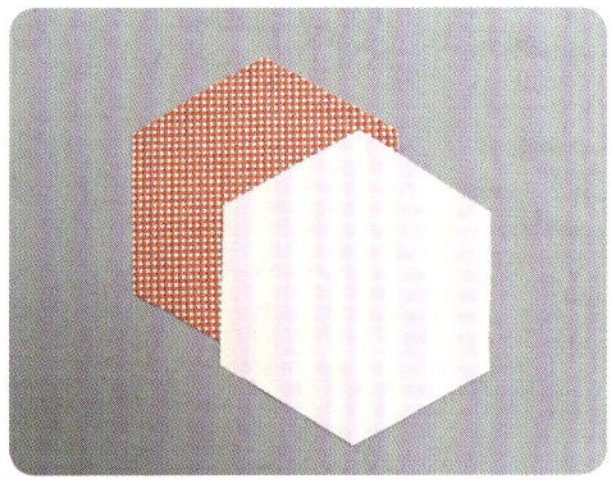

01 两色裁剪各1片。

02 两片正正相对车缝一圈，留一返口。

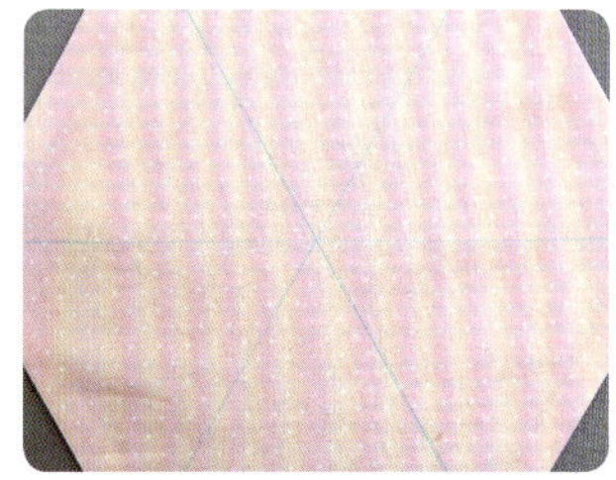

03 翻回正面整理熨烫，并在浅色布上画对角线记号。

04 取一边往内折烫，依逆时针方向折烫一圈，尖端要往外拉烫平。

05 将尖端往六边形正中心折烫，烫平。

06 手缝固定中心较凹的6个点，尖端再往外角拉开固定。

07 中心缝上包扣即完成。

skill 7

六边形3

裁布尺寸

对角线7 cm　　1片

对角线12.5 cm　1片

01 裁剪对角线7 cm与对角线12.5 cm的六边形。

02 在大六边形反面各边的中心点画上记号。

03 正正相对，对齐大、小六边形的一边。

04 将大六边形的边以中心点打褶，使得长度与小六边形相同，并用珠针固定。

05 顺时针或逆时针使褶子倒向同一边，同步骤3、4固定各边。

06 车缝一圈。

07 6个角剪牙口，并于小六边形中间剪一刀（不超过2 cm），用钳子从洞口翻回正面。

08 将大六边形的布拉起。

09 与六边形打褶的反方向旋转固定。

10 中心缝上珍珠装饰即完成。

粉色系玫瑰环绕

雅致格纹散步提袋与化妆包

粉色的提袋和化妆包上镶着朵朵玫瑰和叶片，充分展现细致的手工质感，而双压线也让包包更添优雅气质，在微风徐徐的午后，带着美丽的浪漫提包和好心情，散步去吧！

示范／台湾喜佳 叶嘉倩　文字整理／王韵铃　摄影／陈家伟

step by step

主要材料

表布

袋身表布粗裁：40 cm × 50 cm　1片

袋底表布粗裁：25 cm × 19 cm　1片

里布

前后片（烫薄布衬）：2片

袋底（烫薄布衬）：1片

贴式口袋（烫薄布衬）: 34 cm × 26 cm　1片

用布说明

裁布请参考附录A纸型

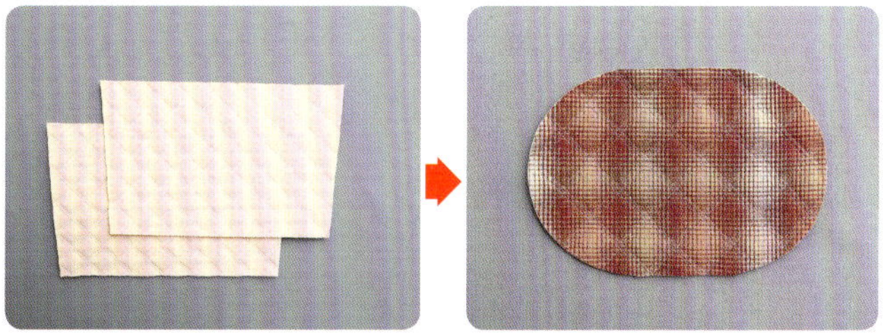

01　取袋身表布2片、袋底表布1片，加铺棉、袋物专用纸衬，使用双针三层压线（45° 的3 cm格子），再依附录A纸型裁剪成袋身前后片与袋底。

02　袋身前后片正正相对车缝两侧。

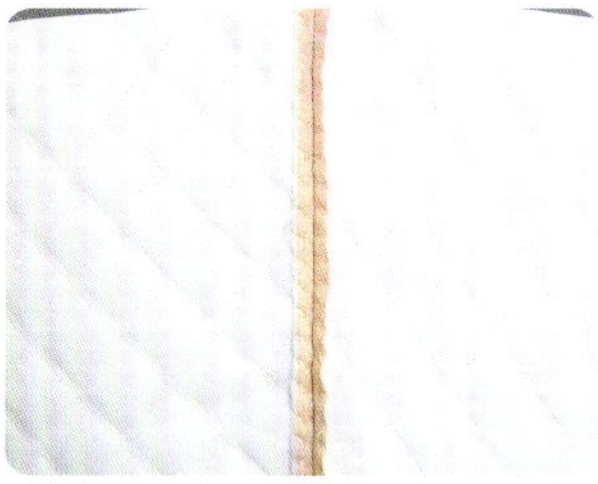

03　缝份卷针缝处理。

04　与袋底表布车缝一圈。

制作贴式口袋

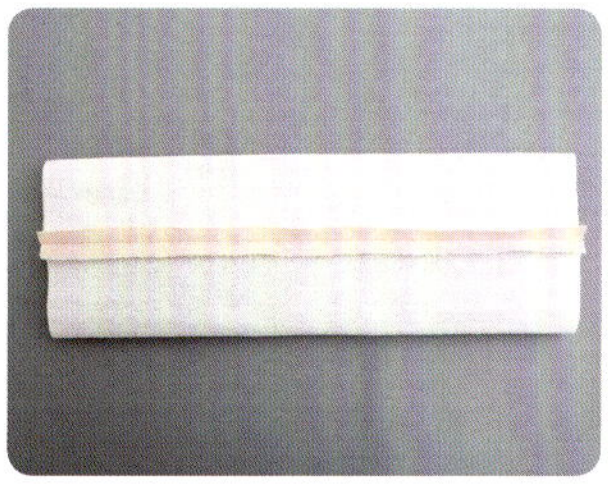

05　贴式口袋布短边对折，车缝长边，缝份0.7 cm，缝份倒向两边熨开。

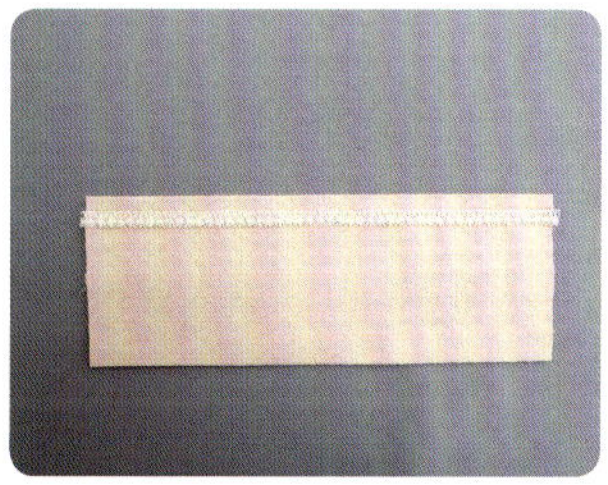

06　口袋翻回正面，袋口下1 cm处车上蕾丝装饰。

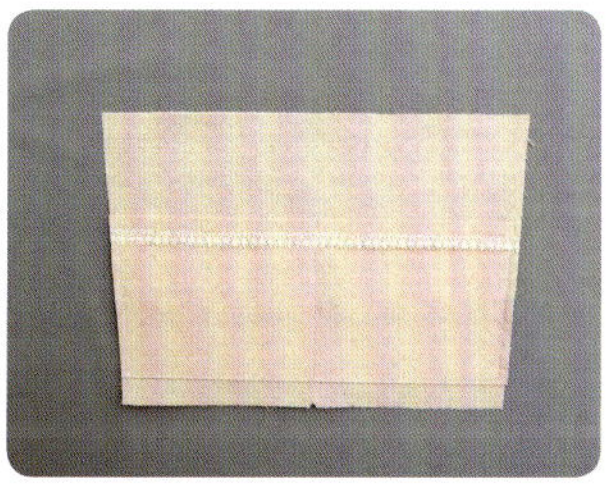

07　将口袋固定在前片里布上，袋口下7 cm处。

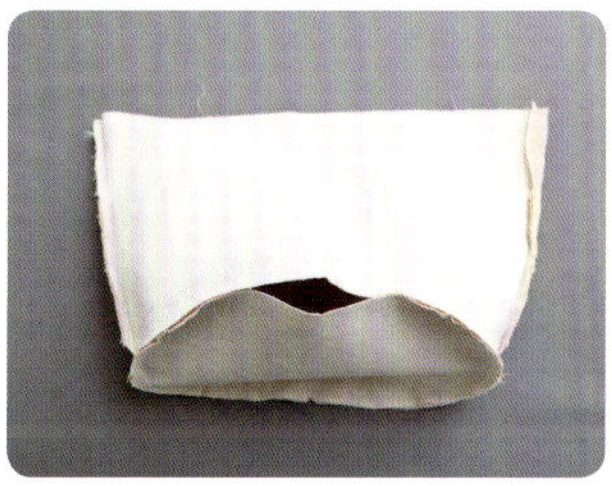

08　组合内袋，做法同外袋做法，袋底须留一返口。

09　提手固定在外袋中心左右6 cm处。

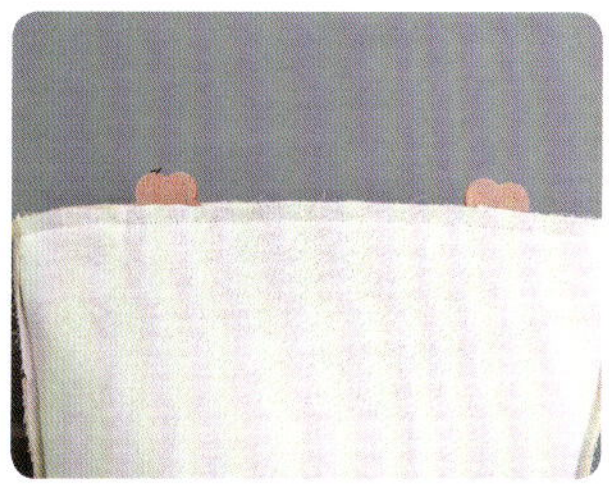

10　表袋与里袋正正相对车缝一圈。

11　从返口翻回正面后，袋口车缝0.5 cm装饰线。

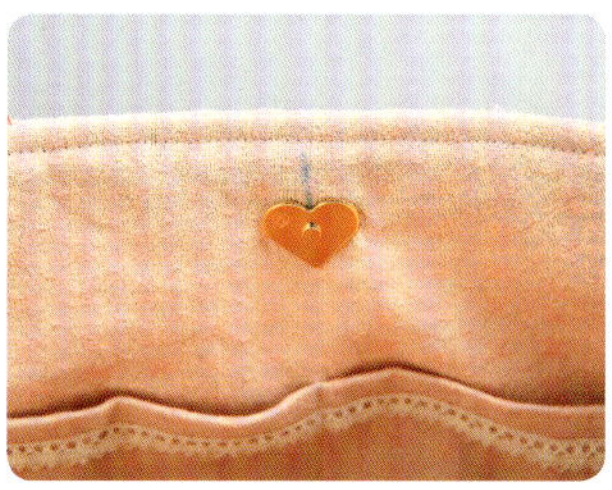

12　袋口中心下2.5 cm装上磁扣，返口藏针缝处理。

13　袋口缝上玫瑰褶花、叶子一圈。

finish!

Point

玫瑰褶花、叶子各须完成14个，可将玫瑰花一个个相接缝成一圈后，再手缝在袋口。

Plus!

同款化妆包

做法相同，缩小尺寸，换上拉链，就变成了甜美化妆包。（裁布请参考附录A纸型）

可爱立体小狗包

活灵活现跃于包上

示范／赖淑君　文／Winnie　摄影／王正毅

可爱的牛头梗歪着头，摇着尾巴，调皮地看着你，仿佛随时都会从提袋上跳下来和你嬉闹。立体的造型活灵活现，为包包增添了生动活泼的情趣。

赖淑君

擅长拼布与包包创作，热情的教学与不间断的创新，让她的作品总是别具特色，多了点生动、多了点玩味，成为主人最亮眼的配件。

作品详见台湾拼布网
www.quiltwork.com.tw

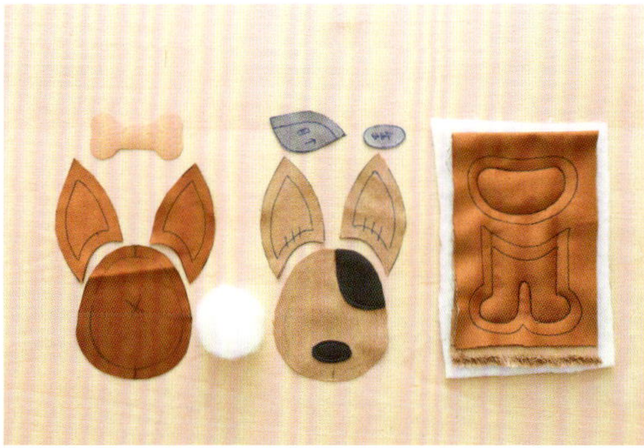

主要材料

麂皮：适量
深灰小羊皮：5 cm × 5 cm（眼、鼻）
扣子：2颗（眼睛）
丝棉：少许（狗的脸部填充用）
衬棉：15 cm × 15 cm（狗的前脚与后脚使用）

用布说明

裁布请参考附录A纸型

制作立体小狗

step by step

01 依纸型剪下脸部2片、眼、鼻各1片。

02 剪好的深灰小羊皮（眼、鼻），用透明线车缝固定在脸部。

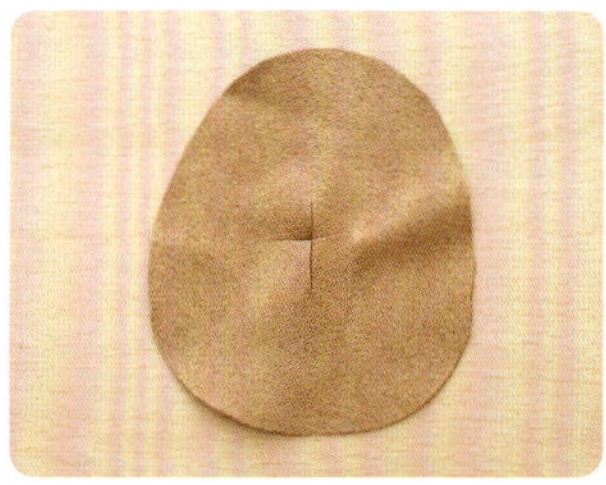

03 把没有车缝眼、鼻的脸部裁片，中心以十字剪开。

04 把脸部裁片2片正面相对，车缝（针脚2 mm）一圈。翻回正面后，于中心剪开处塞入丝棉，最后缝合。

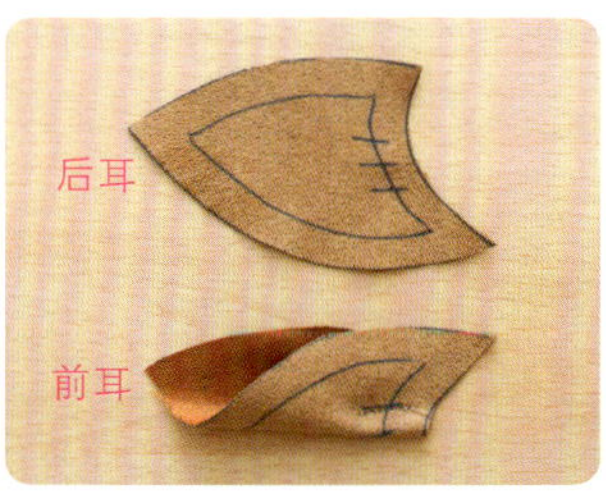

05 注意耳朵裁布的方向。前耳布是取麂皮背面合折，两片正正相对车缝，翻回正面，最后塞入丝棉。

06 依纸型分别将2片麂皮加1片衬棉三层裁下，制作前脚与后脚部分；两层麂皮正正相对，下层放置同尺寸衬棉，三层一起车缝后，翻回正面。

Tips 前脚与后脚的裁片都要留返口，才能翻回正面。

07 所有组合布块的边缘都用锯齿剪刀修剪成三角形，这样不容易虚边。

08 所有部位翻回正面后，准备组合。

09 依设计图缝上眼睛。

10 接着依序组合耳朵、前脚、后脚。

11 把组合好的小狗固定在包包前袋盖片上，歪头立体小狗（牛头梗）完成!

主要材料

外袋＋内袋共用双面布：167 cm
薄内衬：100 cm
厚布衬：67 cm
塑钢拉链20 cm长：2条
30 cm长：1条
厚纸衬：30 cm×15 cm
日本皮布：8 cm×5 cm（骨头）
0.5 cm宽细皮带：30 cm（拉链头用）
皮制包边绳：234 cm
小磁扣：1组
提手：1组
小铆钉：3组（拉链头用）

用布说明

裁布请参考附录A纸型

组合暗层很多的实用提袋

step by step

01 前袋盖制作，并加上20 cm长拉链。

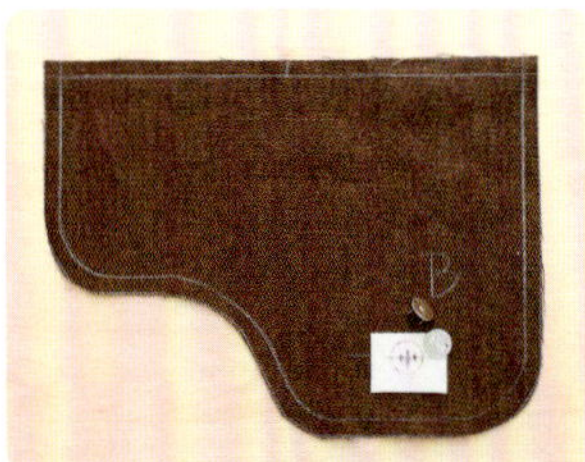

02 前袋盖下片依记号固定磁扣，钉磁扣的位置可加烫厚布衬，避免因时常开关而发生布破的情形。

03 整个前袋盖外围缝上皮制包边绳。

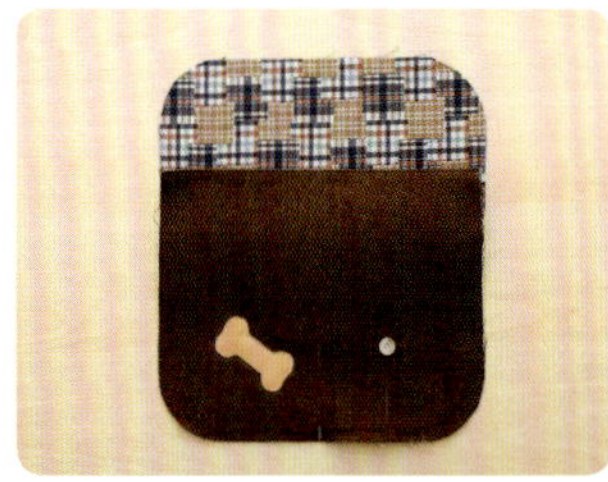

04 前袋身表布固定磁扣，并用透明线车缝上狗骨头。

05 前袋盖与前袋身、上袋身组合。

06 后袋身制作，加上20 cm长拉链。

07 后袋身各片组合。

08 内袋身制作，并加上袋口30 cm长拉链。

09 前袋身（含前袋盖）、后袋身、内袋身、侧身组合完成。

10 取4 cm×66 cm斜布条，压线作为滚边条。

11 袋口包边。

12 找出提袋中心点，左右各取6 cm，并从袋口下降4 cm处固定提手。

13 取10 cm皮带，对折打洞，钉上小铆钉，完成拉链头装饰。

Tips

滚边内侧以手缝完成，如此更有创作手感喔!

立体的小狗造型活灵活现，十分生动有趣。

立体的餐桌风景

以童话故事为灵感的餐桌四件组

给餐桌来点不一样的变化吧！将厚厚的铺棉与插画风格的布料搭配，再佐以童话故事里的造型，做出四款立体感十足的餐桌小物。瞧！提着餐篮的小红帽正准备和大野狼手牵手穿过森林，去奶奶家开下午茶派对呢！

设计示范、步骤绘图／黄小珊　文／王盈力　摄影／王正毅
场地提供／zakka zoo 2店 02-2358-3830

黄小珊

2005年开始拥有自己送给自己的小品牌，梦想过着自给自足的创作生活，年轻的热血灵魂，加上过人的细腻想象，每件作品都拥有鲜明又独特的“黄小珊风格”，著有《100元设计布杂货》、《手感改造布杂货》。

黄小珊的小阁楼

http://blog.roodo.com/shangarret

特地选用手绘感的棉布，更能带出整体的童话风格。

01 奶奶家的茶壶保温罩

因为加了厚厚的铺棉，所以保温效果很好，小房子的造型充满童趣，适合用在和姐妹们一起放松的下午茶时间。

麻织带作为提手方便提取，袋口的一圈蕾丝增添了柔美气息。

02 小红帽的餐桌提篮

长方形设计适合放置餐具等小物，白色蕾丝和咖啡色点点布的组合，营造出甜美又稳重的氛围。

03 大野狼的叶子餐垫

比起一般正方形的餐垫，这款叶子形状的餐垫显得格外有形，立体的瓢虫纽扣亮眼度满分！

利用S形织带做出叶脉纹路，加上瓢虫纽扣，拟真度十足。

04 森林里的花朵杯垫

只要利用小块的花布就可以做出来。花朵向上伸展的形状，是让杯垫显得圆润可爱的关键喔！

利用大花和小花的花布组合，视觉上更缤纷浪漫。

01 茶壶保温罩

主要材料

表布（插画棉布）65 cm×26 cm、里布（铺棉棉布）65 cm×26 cm、蕾丝65 cm×6 cm、麻织带16 cm×2.5 cm

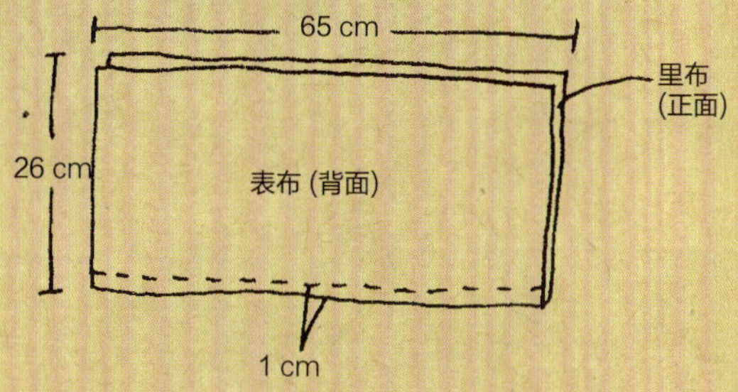

01 表里布正面相对，缝合1 cm。

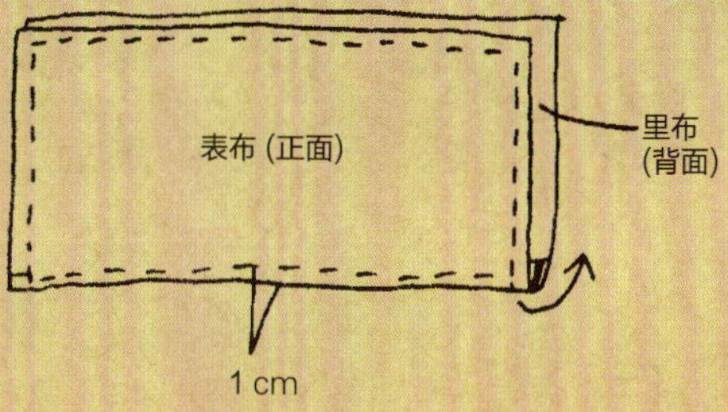

02 翻出正面，四边压缝1 cm。

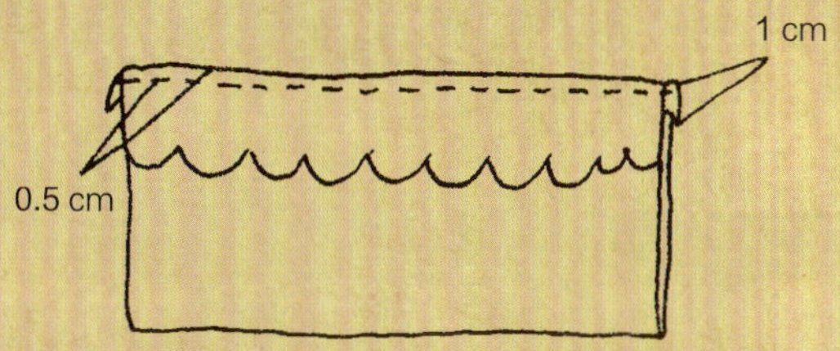

03 屋檐蕾丝上包折1 cm包边，留缝份0.5 cm固定。

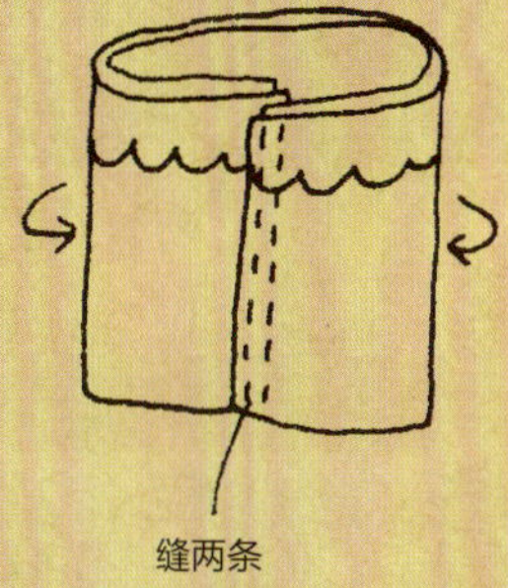

04 卷成环状并重叠1 cm，平针缝缝合。

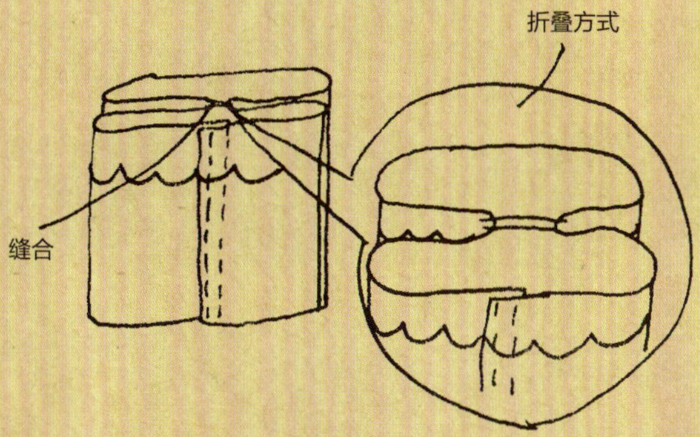

05 做出折叠的形状。

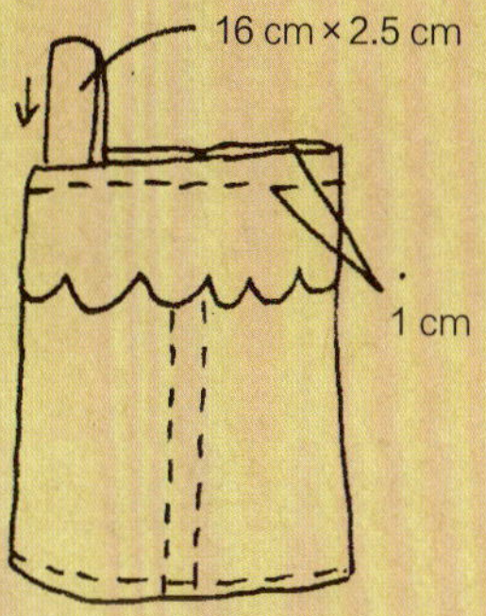

06 夹入对折麻织带，上方缝合，留缝份1 cm。

02 餐桌提篮

主要材料

表布（咖底黑点棉布）32 cm×24 cm、里布（铺棉棉布）32 cm×24 cm、米白蕾丝64 cm×4.5 cm、麻织带24 cm×2.5 cm、缎带24 cm×1 cm、塑料硬板21.5 cm×8 cm

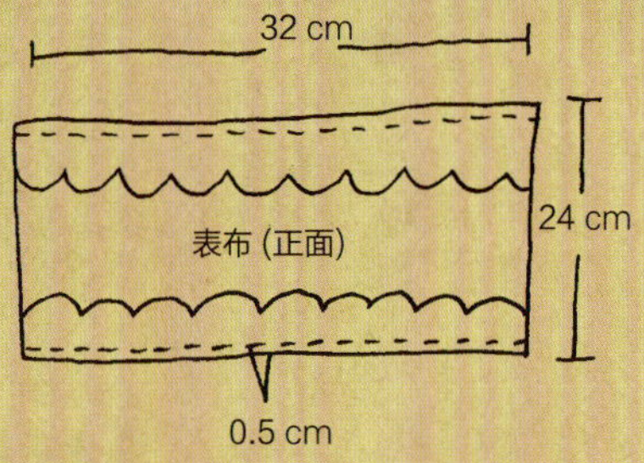

01 表里布正面相对，缝合1 cm。

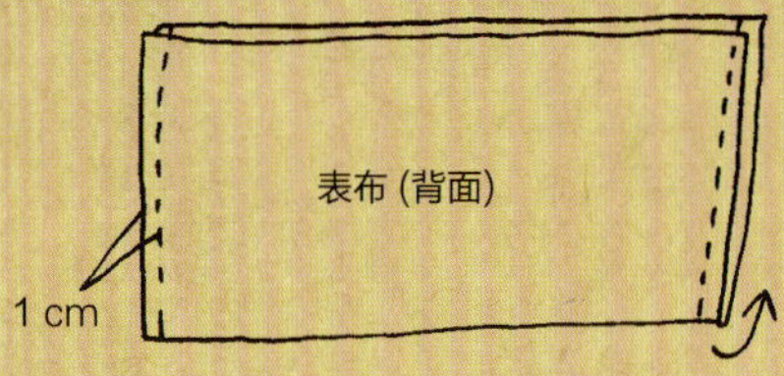

02 表布正面相对，对折并缝合两侧1 cm，里布做法亦相同。

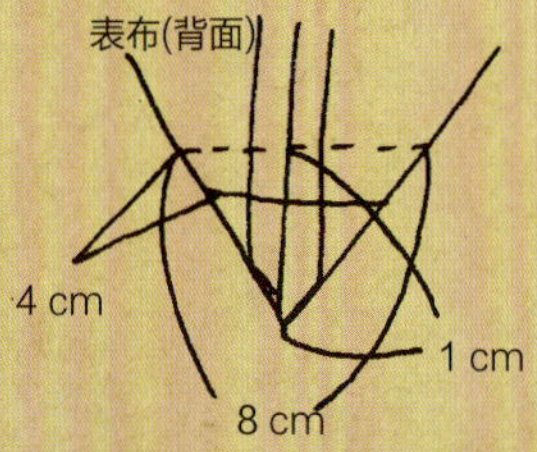

03 两侧角抓出底侧，缝合后修剪多余缝布，里布做法相同。

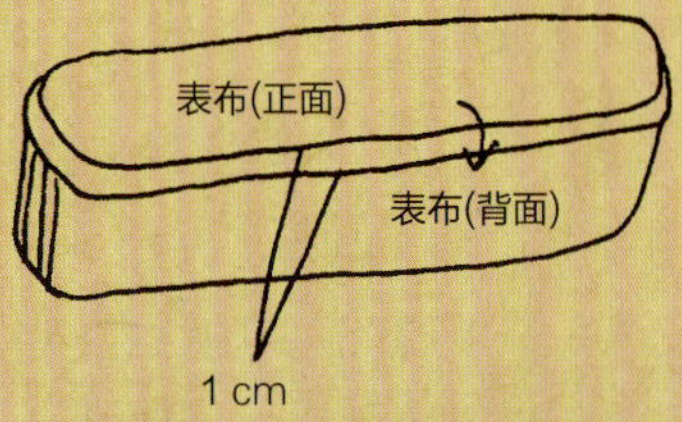

04 表里袋缝合，皆向背面折1 cm。

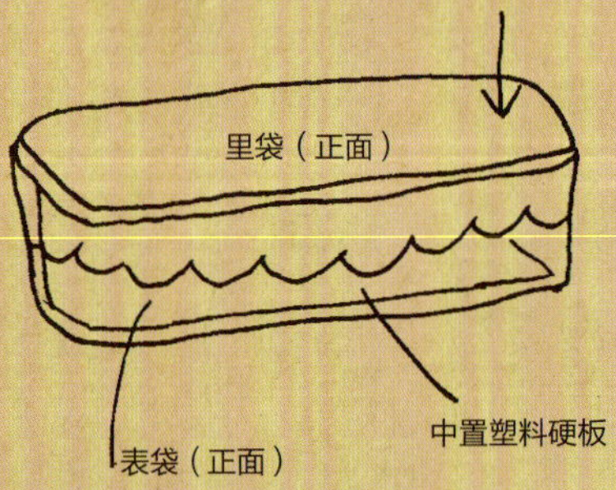

05 表里袋中间放入塑料硬板，背面相对套入。

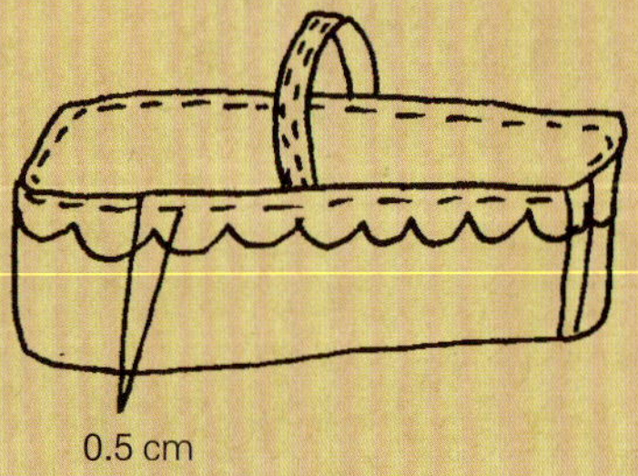

06 把缎带缝在麻织带上，再把缝好的麻织带夹入提篮口中央，袋口缝一圈固定。

03 叶子餐垫

【版型请参考附录B纸型】

主要材料（一个餐垫）

表布（碎花棉麻布）41 cm×24 cm、里布（亚麻棉布）41 cm×24 cm、奇异衬41 cm×48 cm、铺棉棉布（镂空处）7.5 cm×7.5 cm、瓢虫扣子1个、S形织带80 cm

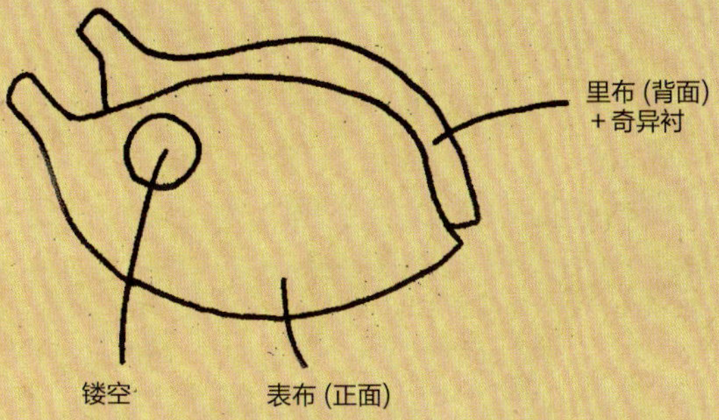

01 表里布背面分别烫上奇异衬，并撕下离纸。

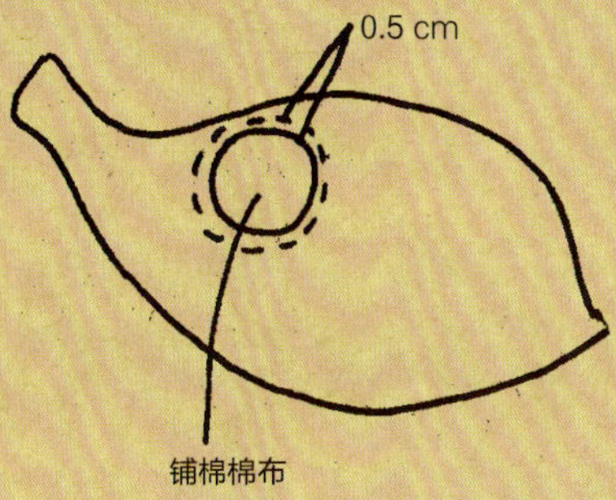

02 表布圆形镂空处，夹入铺棉棉布平针缝一圈固定。

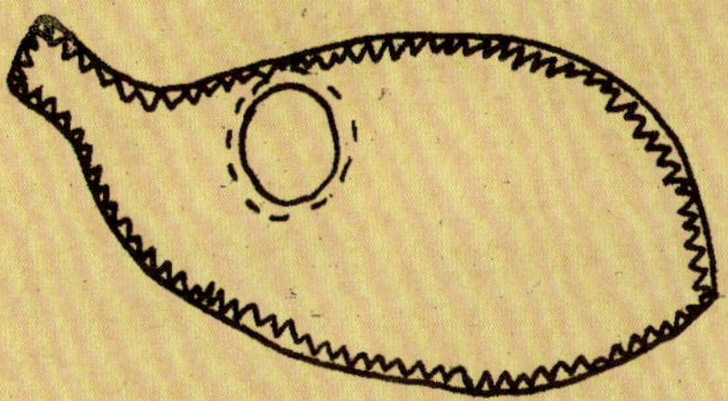

03 表里布重叠，锯齿缝合边缘一圈。

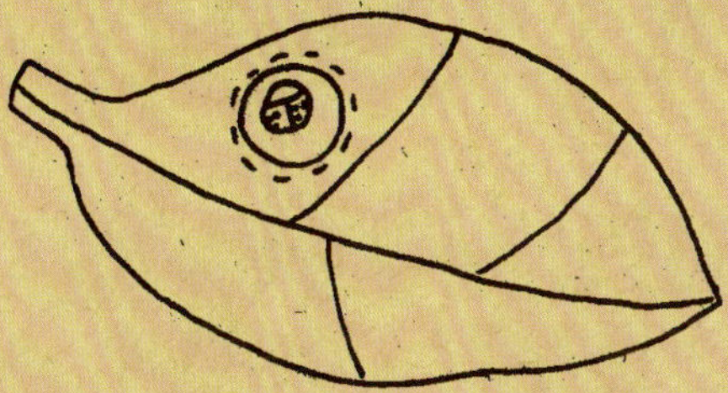

04 S形织带缝上叶脉，镂空处缝上瓢虫扣子即完成。

04 花朵杯垫

【版型请参考附录B纸型】

主要材料（一个杯垫）

铺棉棉布12 cm×24 cm、红底白点棉布30 cm×10 cm、奇异衬30 cm×10 cm

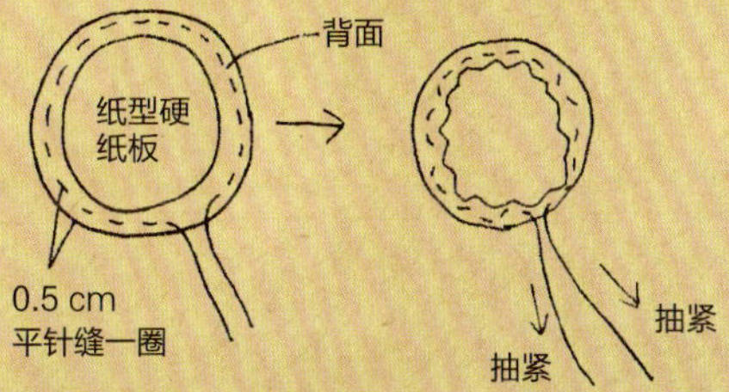

01 铺棉棉布缩缝成圆形。

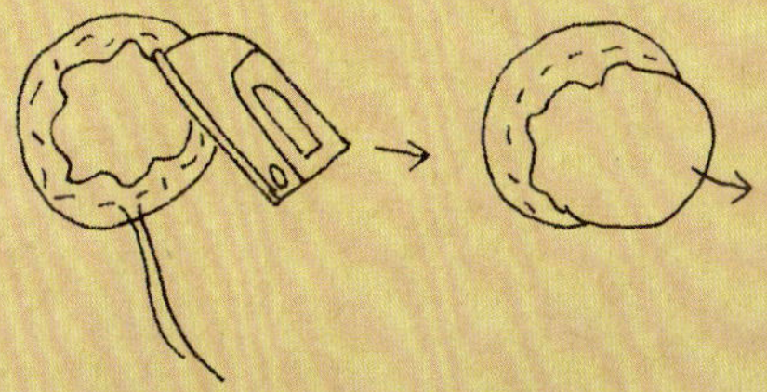

02 用熨斗熨烫定形，取出纸板并制作两片，即成花蕊。

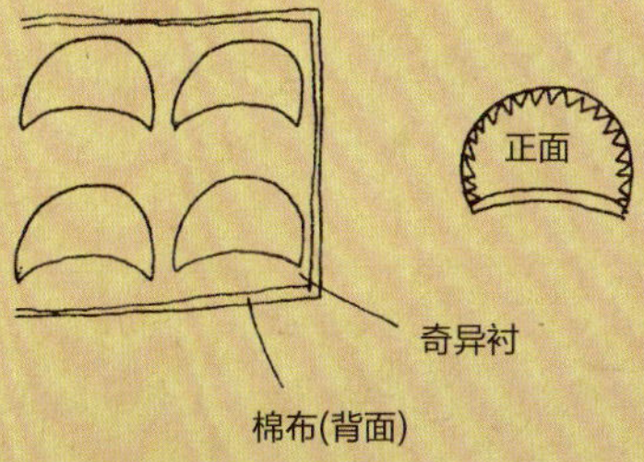

03 在红底白点棉布背面烫上奇异衬，剪下形状并撕下离纸，两片背面相对，锯齿缝合边缘，即成花瓣。

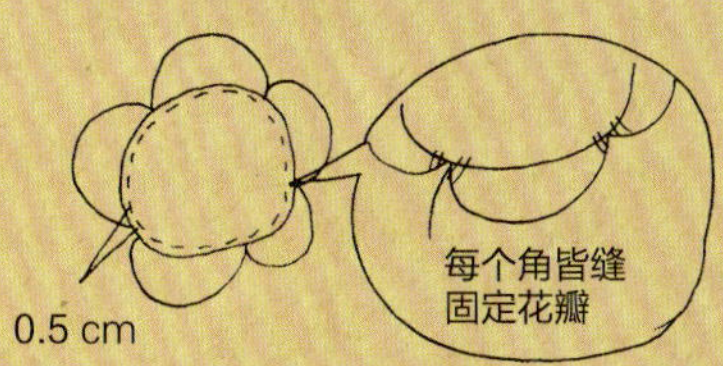

04 将花瓣夹入两片花蕊中，平针缝合一圈固定。

缝纫小课堂

纸型巧妙变・做出最想要的包

“提手如果再短一点就好了……”

“袋底如果再宽一点就好了……”

如果，能学会自己变化纸型就更好了！

彻底了解包包与纸型的对应关系；

把每个细节都调整到想要的样子，

做出心目中的完美包款不再是难事。

纸型巧妙变·做出最想要的包

做包包的乐趣在于稍微将纸型尺寸动个手脚，就能量身打造出最适合自己的包包。一个基础款就可延伸多种变形，无论是长高、变矮、加宽、缩小……一切取决于纸型，了解纸型的“秘密”，缝纫不再是难事。

示范／叶慈慧　文字／杜玉婷　摄影／王正毅

step1 画版型开始，百变托特包的版型公开。

step2 如何从基础版型玩出变化?

step3 随身笔袋也可以任意缩短或长高。

case 1 百变托特包

双提手、无盖的托特包是现代人最常使用的实用包之一，从常见的窄版到四方袋底的宽版，甚至还多了打褶的变化，小小的纸型改变一下尺寸就能让日常的包包成为“百变佳人”。

part1 基础款版型与缝制步骤

从基础的窄版开始，窄版托特包适合放入A4公文夹，是出外洽谈公务或上学的好帮手。

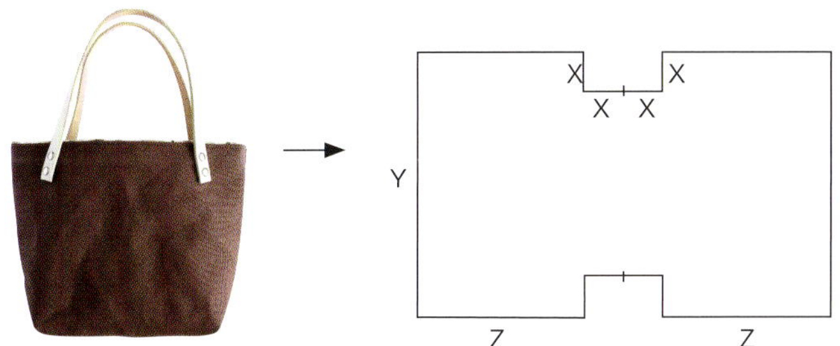

纸型

step by step

01 依纸型裁出同尺寸的表袋素色帆布和里袋花纹棉布。

02 先反车里袋。

03 表袋两边车缝。

04 将缝份压平。

05 增加两侧压线，使袋形更立体。

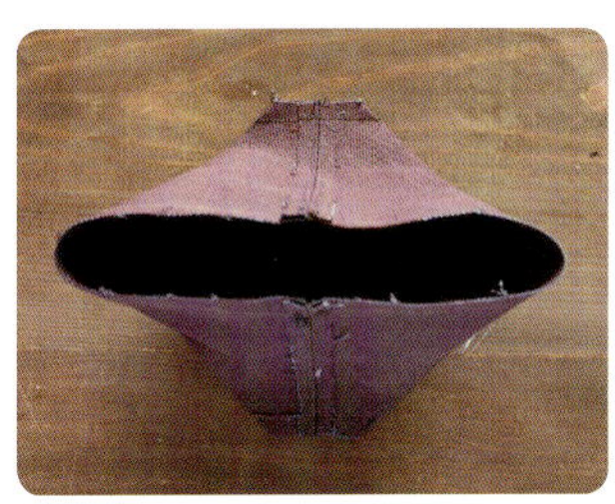

06 组合车缝打角。

07 内外袋组合，由角留洞处翻回正面，完成!

Point 里袋的尺寸与外袋相同，组合翻回时，里布会稍微突出一点，形成一圈袋口装饰，这让素色托特包多出一些色彩点缀。

part2 袋底双重变化与重点步骤提醒

在基础纸型运用上，袋底可以借助尺寸的改变而变化为不同造型，加宽后的袋形成为装饭盒或保鲜盒的美丽好物；刻意在底部产生的打褶装饰，让包包多了几分精致可爱！

窄版基础款

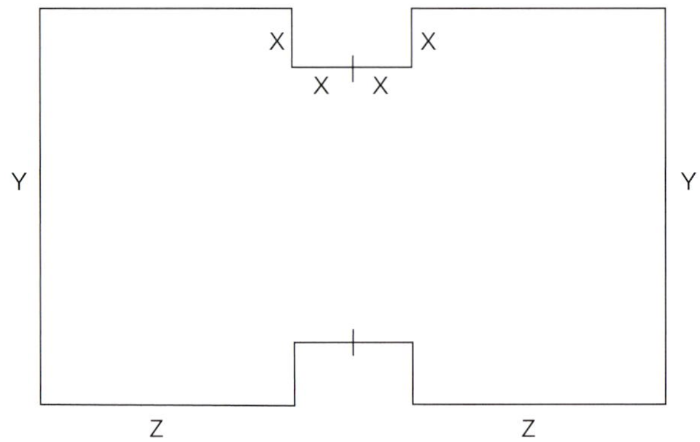

袋底加宽

袋底的宽度增加至 2 倍， 形状更为正方，是出外野餐或上班族带饭盒、水果的美丽好物。

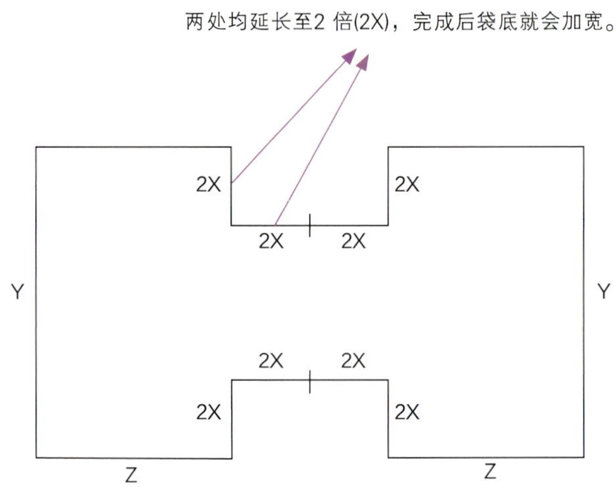

袋底打褶

利用纸型的长宽差异，于打角时产生褶皱，有着可爱的变化装饰。

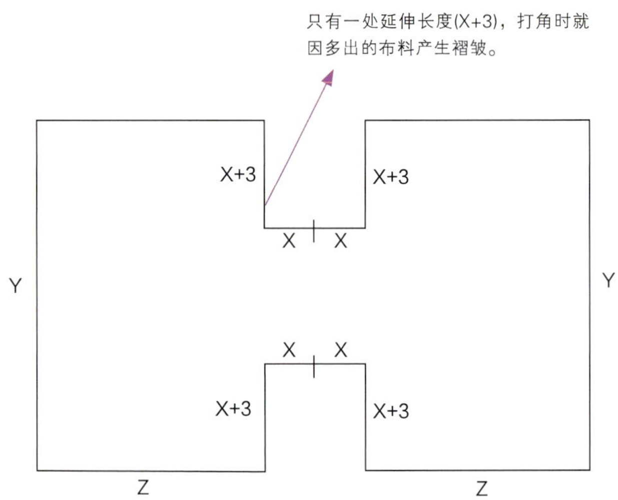

Point 袋底打褶重点步骤

表袋与里袋的车缝组合方式与基础款相同，至打角步骤时才有变化。

01 依纸型裁出同尺寸的表袋素色帆布和里袋花纹棉布。

02 将上方多出的布平均打褶对齐下方，并用强力夹固定。

03 两侧固定后车缝。

04 翻回表袋正面，袋底打褶变化完成。

Point 如果是手提袋，提手固定在左右两端的 1/3 处；若为上肩造型，则提手固定在小于1/3处，这样可以使两端的间距更宽，背起来更舒适。

case 2 自然风笔袋

当人们重拾用笔书写的美好，出门的包包里一定要放个笔袋，笔袋里装着最新的多色笔，心爱的彩绘笔或充满设计感的时尚文具，有时帮它变个尺寸，它又会成为收纳零散小物的随身袋。只要稍微动动纸型上的数字，一样的步骤可以创作出各种大小的好用小包。

正常款→变化款

无论正常、缩短、增高的笔袋，做法一致且简单上手，只是要注意纸型上细节的尺寸变化！

使用20 cm长拉链的正常款笔袋

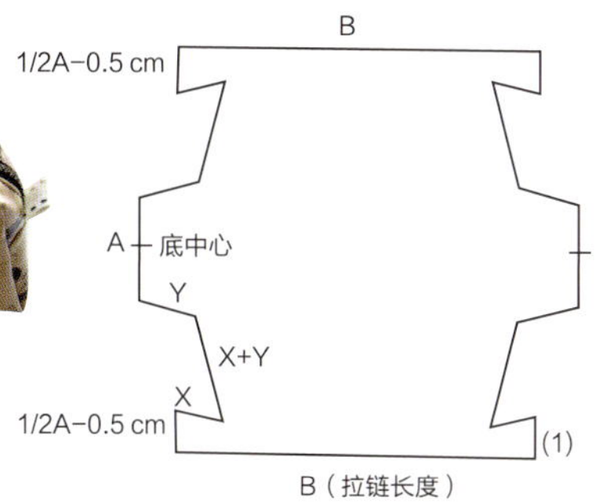

缩短版笔袋

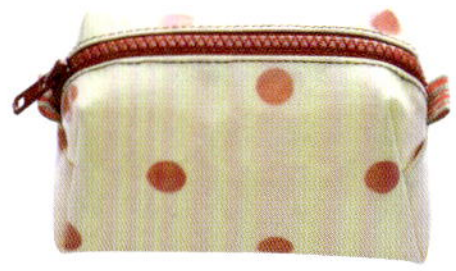

缩短版笔袋使用15 cm长拉链，更能轻巧地塞入包包里。

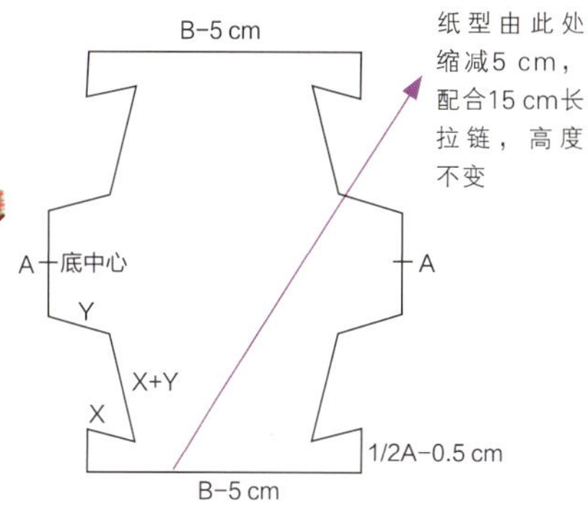

增高版笔袋

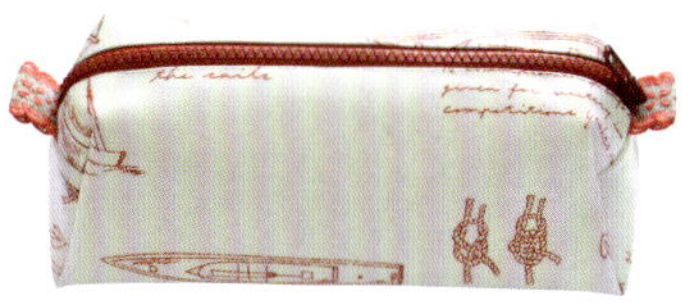

因为增加高度2 cm，车缝完成后总长度缩减，增高版笔袋方便收纳零散的随身小 物。

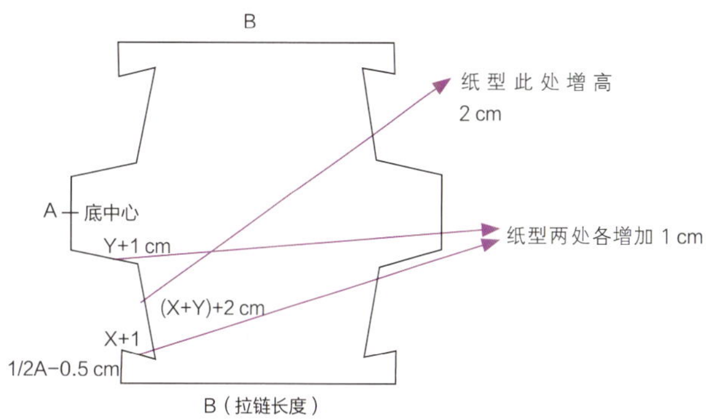

step by step

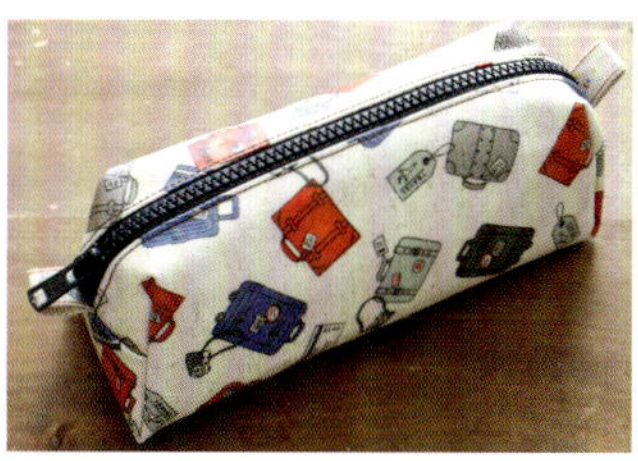

01 依纸型裁出防水布，要留缝份。

02 车缝上拉链与两侧织带耳朵。

03 两边车缝。

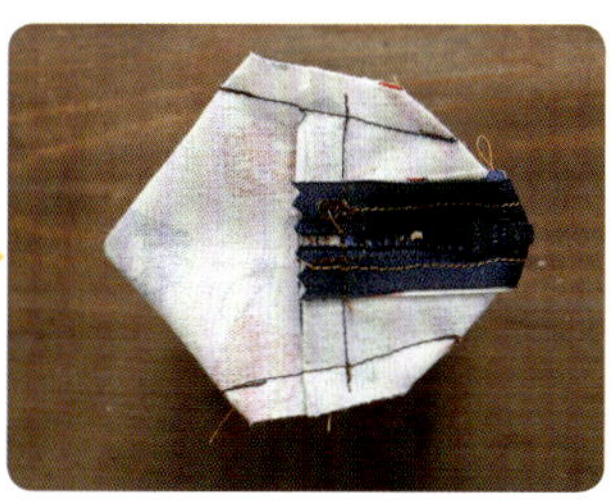

04 对角抓线车缝。

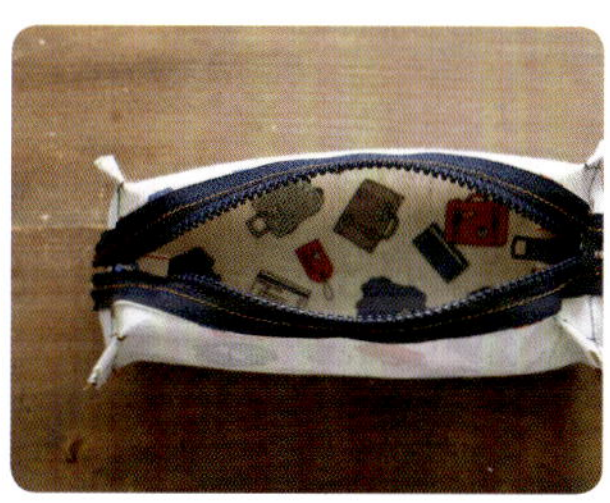

05 翻回正面，完成。

创意裁缝园地

疗愈系动物乐园

讨喜的小动物永远是受欢迎的布杂货主题，不论是旧物改造的袜子娃娃，还是越戳越扎实的羊毛毡，都是不用纸型就快速做出的令人爱不释手的布偶，简单又可爱，快来试试看吧！

袜！顽皮风格兔宝宝

好温暖！羊毛毡动物乐园

mimi
热爱杂货，喜欢动手玩布和居家布置，接触各种素材，将创意的巧手精神在生活中发挥得淋漓尽致。

笑咪咪的杂货部屋
http://mimiwill.pixnet.net/blog

袜!顽皮风格兔宝宝

选双可爱的袜子，
赤、橙、黄、绿、青、蓝、紫，
花布、点点都可以！
挑个休闲的午后，泡杯香浓的咖啡，
活动一下双手，剪剪缝缝，
让袜子化身为活蹦乱跳的兔宝宝。

示范、步骤图 / mimi　文 / 方嘉铃　摄影 / 陈家伟

主要材料

袜子 1双、黑色塑料珠子2个（眼睛）、大扣子 1个（鼻子）、花扣子 2个（装饰）、棉花少许、缎带30~40 cm
手缝针、线、剪刀、水消笔

step by step

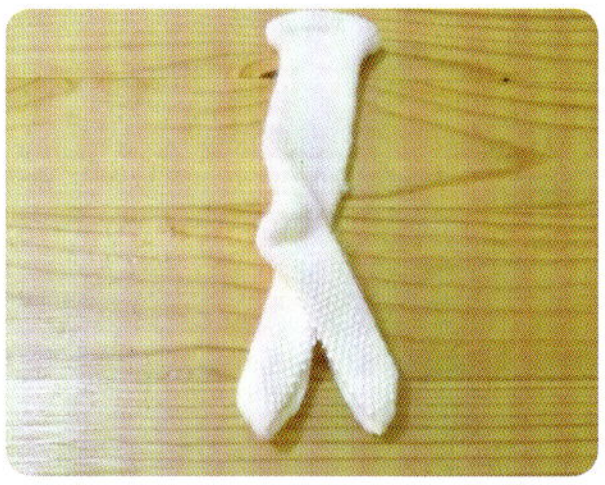

01 制作兔脚与身体。将其中一只袜子自脚趾头中间裁剪到脚板中心处（约剪至脚底板长的1/2）。

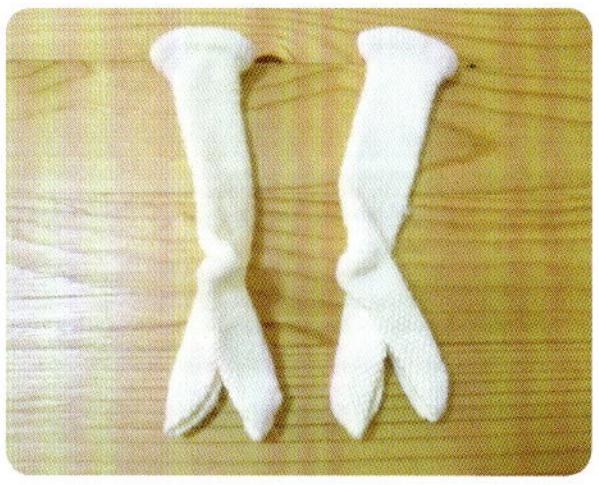

02 另一只袜子做法同步骤1，作为兔耳朵与头部。

03 分别将两只袜子被修剪的前端修成圆弧状。

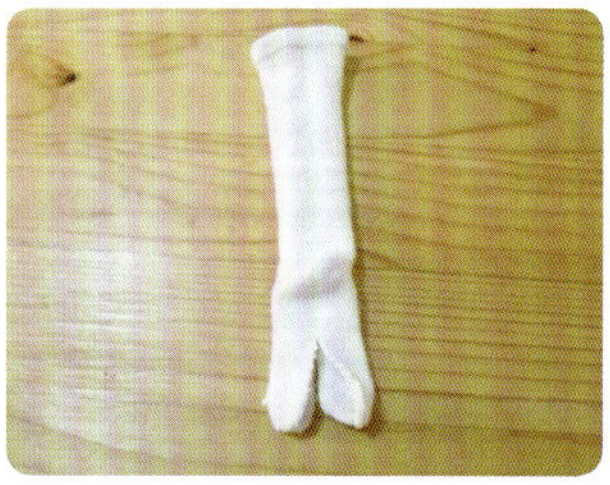

04 分别将两只袜子翻至反面。

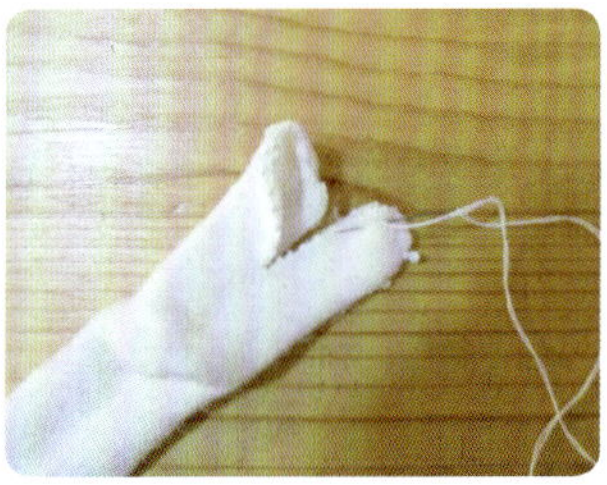

05 用回针缝方式缝合开口，另一只做法相同。

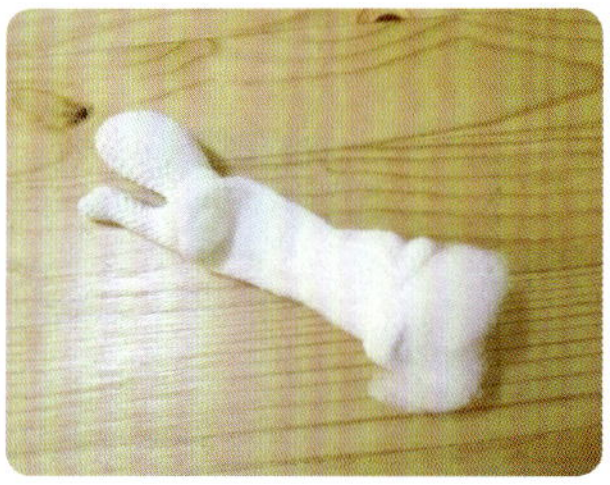

06 将其中一只袜子（作为身体和兔脚）翻回正面，再塞入棉花塑型。

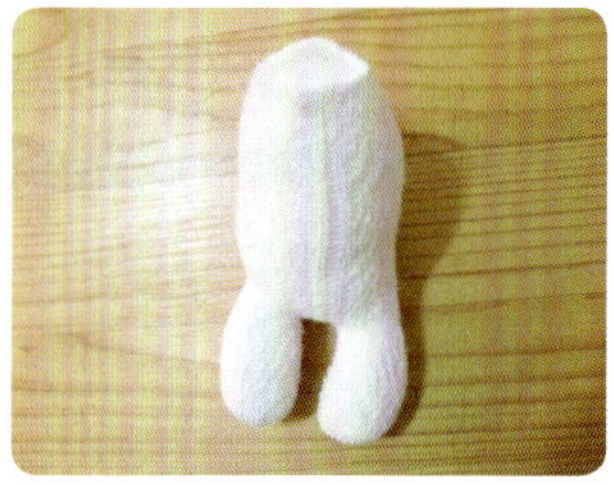

07 待棉花塞至大小比例均衡后，剪下多余的部分。

08 用缩口缝方式缝合开口。

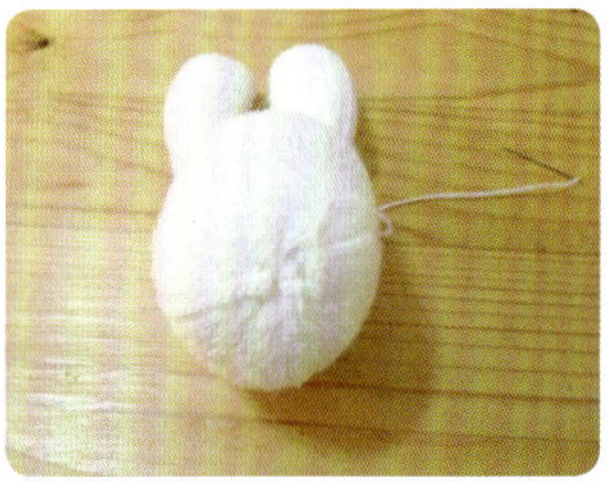

09 缩口缝缝两圈会较紧实，不易松脱。

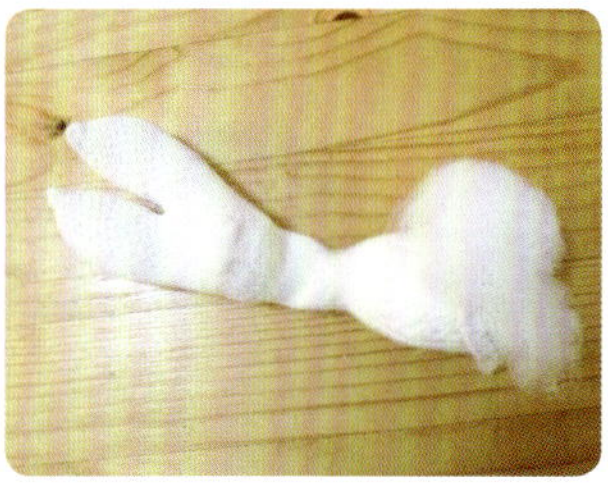

10 另一只袜子（作为兔耳和头部）做法同上。

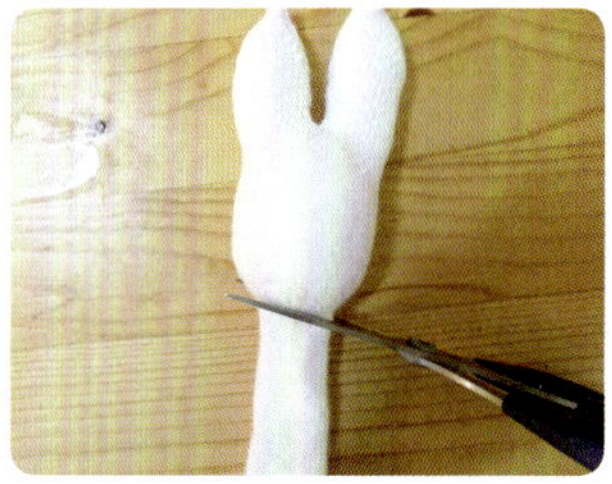

11 棉花塞至比例均衡（约为身体的2/3）后，剪掉多余处，以圆形方式裁剪。

12 用缩口缝方式缝合开口。

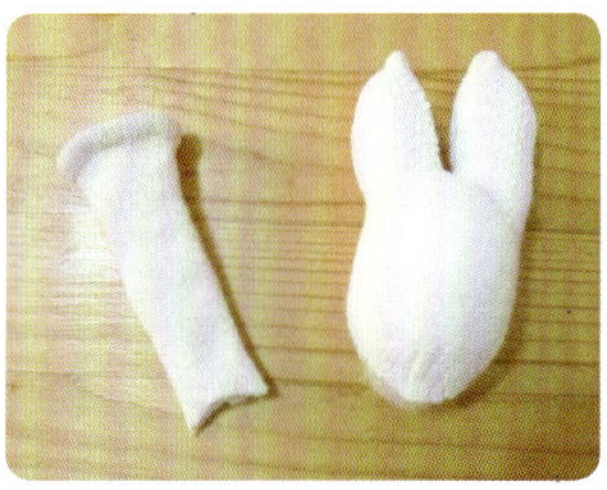

13 剪下来的多余的一只袜身，作为手部。

14 以连接缝合方式接合步骤9的身体和步骤12的头部。

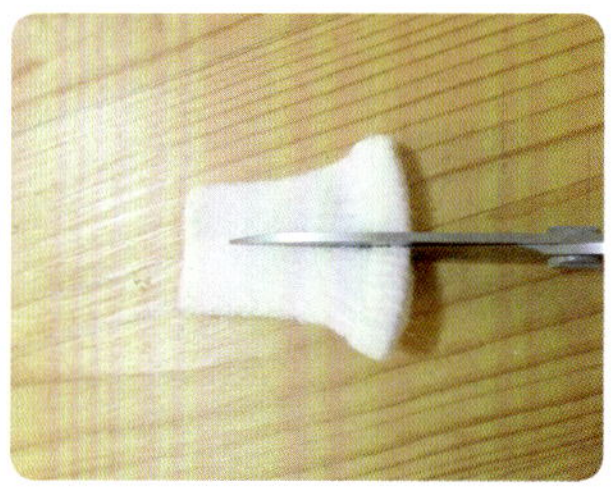

15 取步骤13的袜身，由纵向中心处裁剪一半，作为两只手。

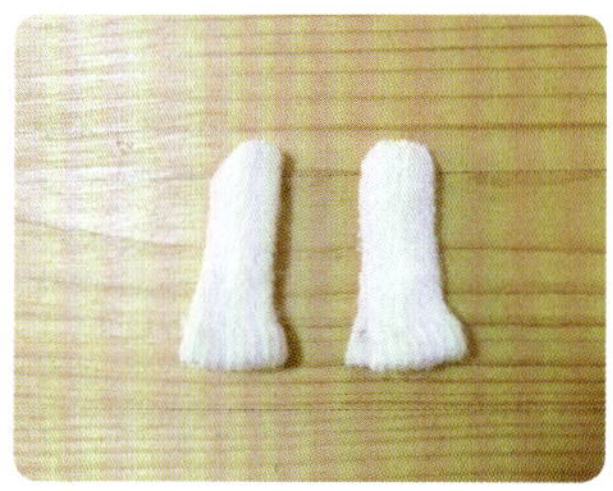

16 将两只手的前端剪成圆弧状。

17 分别将两只手翻至背面，以回针缝方式缝合。

18 将两只手翻回正面后，塞入棉花。

19 将制作完成的两只手分别用连接缝合方式固定在身体两侧。

20 用水消笔画出眼睛、鼻子、嘴巴。

21 缝上两个眼睛。

22 缝上鼻子。

23 嘴巴用回针缝方式完成，再将两个花扣子缝合在兔子身体上作为装饰。

24 将缎带绑在兔子脖子上，完成。

一起玩
真开心!

好温暖!
羊毛毡动物乐园

小小的乐园中，南瓜小蝙蝠快乐飞翔，猫头鹰和小浣熊眯着眼假寐，羊驼们仍旧一脸憨呆可爱，小狐狸赶着前来却不小心滑了一跤……

示范 / 双手牌羊毛毡宠物复刻 · 小猴老师　文 / 王斯韵　摄影 / 王耀贤

双手牌羊毛毡宠物复刻 · 小猴老师

毕业于北艺大工艺设计学系，羊毛毡手创馆讲师、学学文创手工艺产业讲师、创意手作签约设计师。热爱手作、布置与旅行，善于将羊毛毡与各式实用生活小物进行创意结合，让作品既可爱又实用。

http://www.wretch.cc/blog/twohandsblog

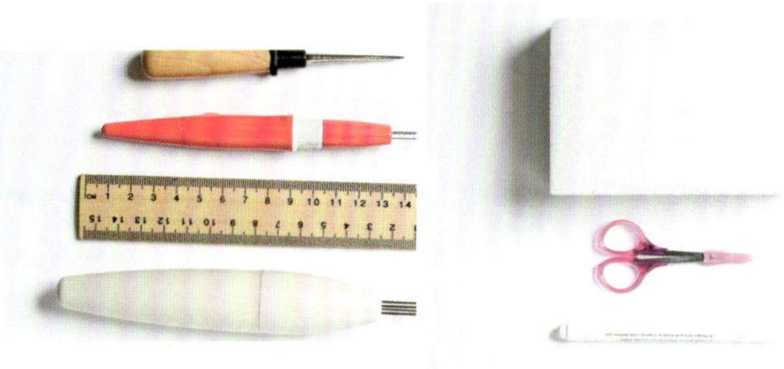

常用工具一览

只要准备好基本工具，如泡绵工作垫、剪刀、消失笔、戳针、直尺，就能开始制作了。

抓住重点！点、线、面制作法

1 点

框圆边

制作小动物的眼睛时会使用到的技巧，只要将周边戳实即可，中间勿戳。

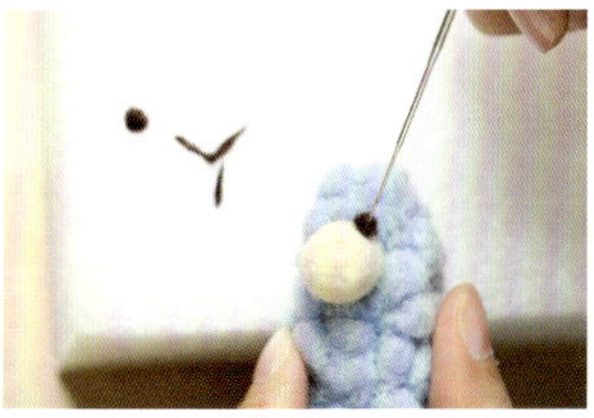

2 线

起头时的固定

制作小动物的头部时会使用到的技巧，先将羊毛拉直、戳深，再修边，务必要牢牢固定。

3 面

框出外轮廓＋固定顶点

制作小动物脸部表情时会使用到的技巧，要先将羊毛用戳针戳平，再进行修边的动作，便能完成可爱的表情。

羊毛毡小物的保养

1 烫

大面积的起毛和凹处部分，可利用小熨斗进行整理熨烫。

↓

2 戳

当羊毛线段跑出来的时候，利用戳针将它戳回去，略加强戳实即可。

↓

3 剪

遇到较严重的起毛问题，直接用小剪刀进行修整。

↓

最想要拥有的羊毛毡小物？

羊驼

羊毛毡界中，这阵子的当红炸子鸡非羊驼莫属，它憨厚的模样加上全身让人忍不住想摸一摸的卷毛，谁能不爱上它！

step by step

主要材料

浅蓝色羊毛约12 g：身体、表面毛球（身体2/3，表面毛球1/3；身体中又再分脖子1/3，脖子以下2/3）

浅咖啡色羊毛少许：耳朵、4只脚（耳朵1/5，剩下分为4等份做4只脚）

鹅黄色羊毛少许：脸部

咖啡色羊毛少许：五官

01 首先制作身体的部分，取适量羊毛拉直、打个结并向内滚起。

02 多余的部分向内包起。

03 以深戳方式将身体部位戳实，形成宽径约4 cm的椭球体。

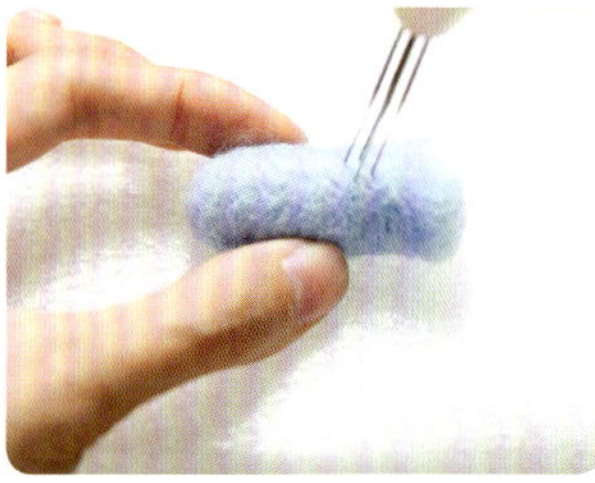

04 重复步骤1～3，制作高约4 cm的圆柱形脖子。

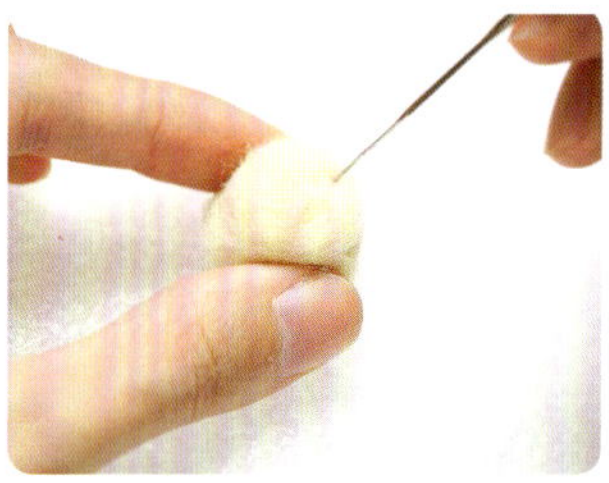

05 接着利用鹅黄色羊毛制作脸部，侧面厚度约1.5 cm。

06 用浅咖啡色羊毛制作4只脚，高度各约1.5 cm。

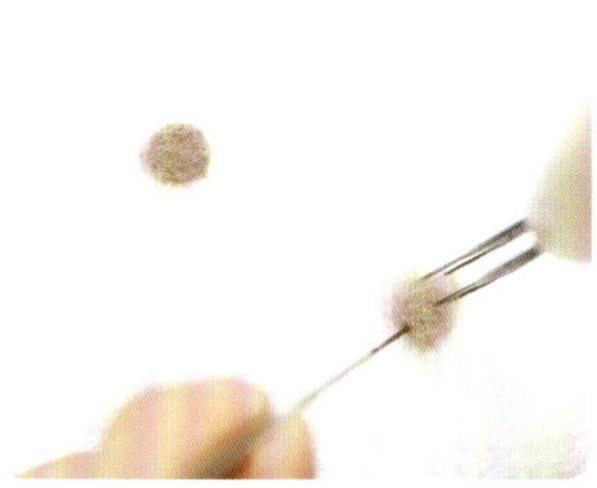

07 耳朵的部分也别遗漏。

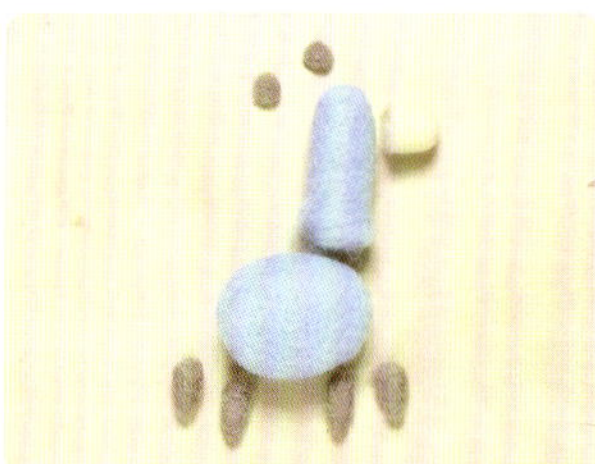

08 将各部位进行组合前的排列确认。

09 将身体跟脖子连接起来。

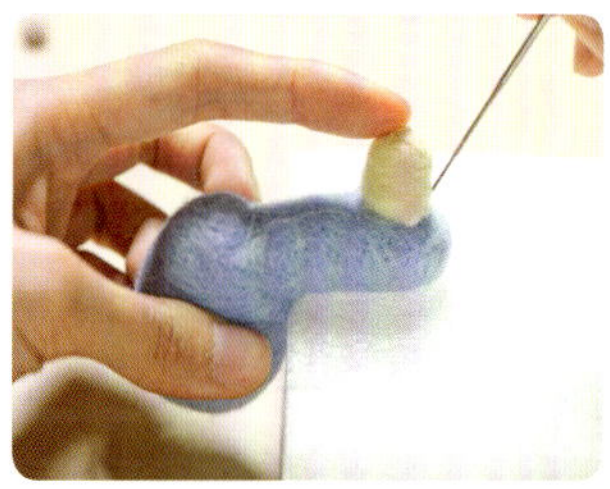

10 固定脸部。

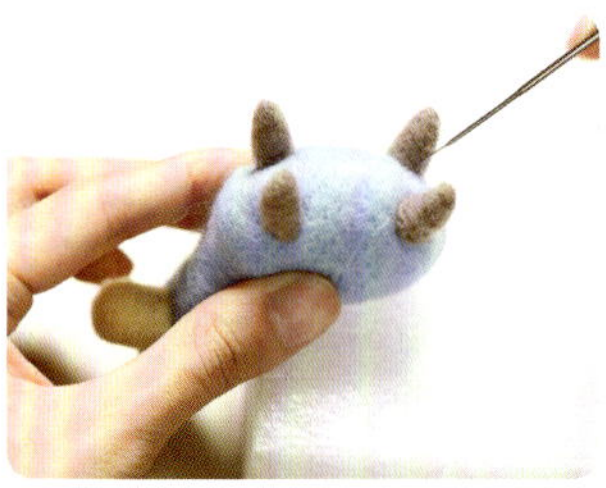

11 固定4只脚。

12 将浅蓝色羊毛制作成一团团毛球。

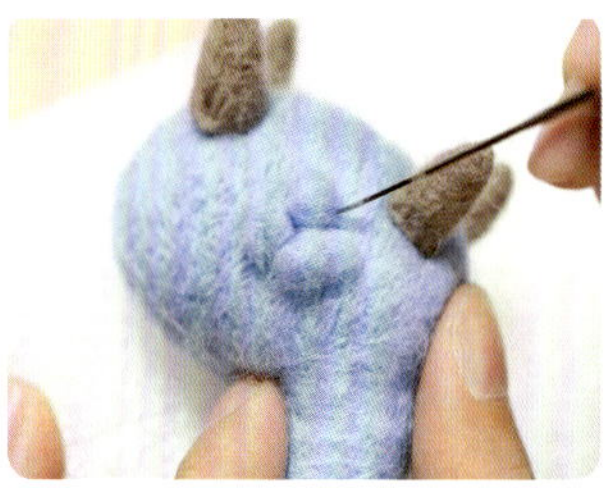

13 将大团的羊毛戳出Y字形，并戳分成3个小团，与身体结合。

14 细节部位也别忘记点缀。

15 尾巴部分也要记得做。

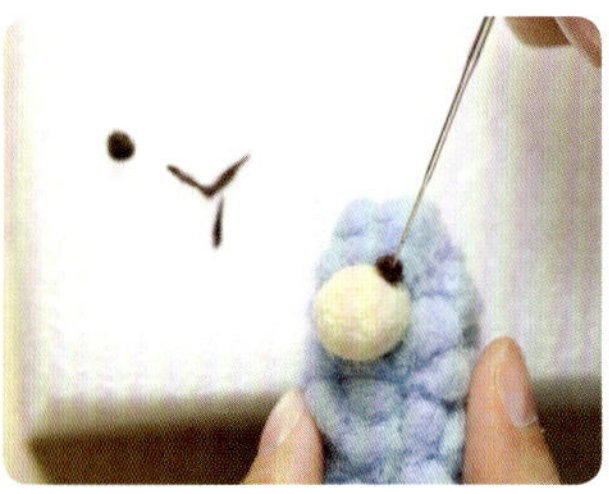

16 戳上2只眼睛。

17 戳上嘴巴。

18 最后戳上2只耳朵即大功告成。

羊毛毡瓶盖小装饰

大象爱地球

就算是使用再平凡也不过的塑料瓶，只要在瓶盖上点缀可爱羊毛毡公仔，就能成为瞩目焦点，可爱的大象爱地球也很环保。

主要材料

亮绿色羊毛约10 g：地球
浅灰色羊毛约3.5 g：大象
白色羊毛少许：脚趾
黑色羊毛少许：眼睛
蓝、绿色羊毛少许：装饰

◎浅灰色羊毛约3.5 g用法（大象）

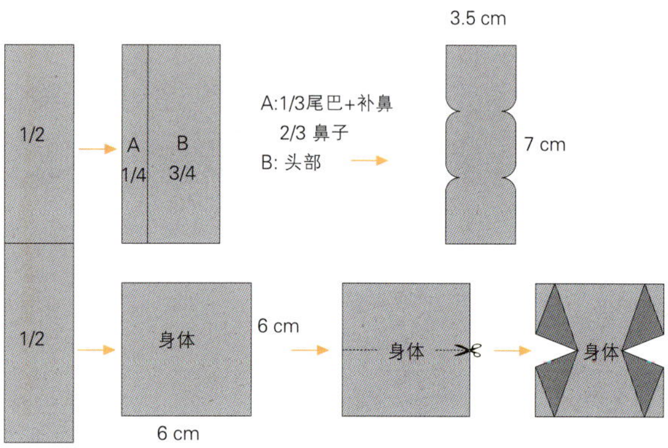

step by step

01 重复P.101羊驼的步骤1~3，制作直径 4 cm 的球作为地球。

02 制作身体，取浅灰色羊毛戳平成 6 cm×6 cm的正方形，两侧向内剪约 1 cm。

03 如图，剪口处戳实，制作身体的部分。

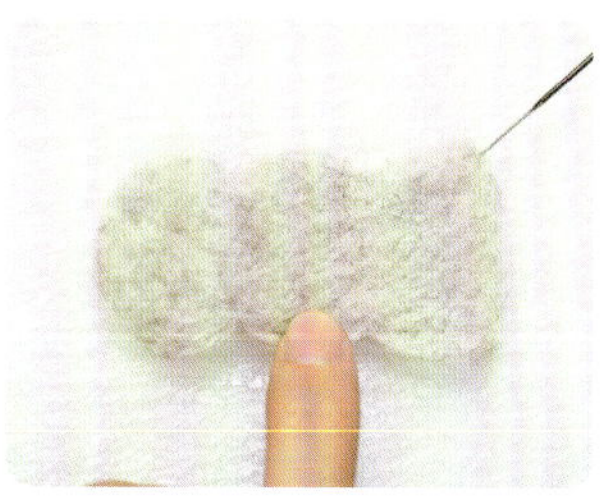

04 制作头的部分，取浅灰色羊毛戳平成大小约 7 cm×3.5 cm 的长方形。

05 如图修出头部、耳朵的形状。

06 将身体与地球结合。

07 戳上脚趾之后，将头部与身体结合。

08 戳上鼻子的部分，并稍作补充修整。

09 戳上尾巴和眼睛。

10 在瓶盖抹上热熔胶，将公仔与瓶盖结合，并点缀上蓝、绿色羊毛即成。

万圣节超应景
南瓜小蝙蝠

金黄金黄的南瓜，勾起了万圣节的欢乐回忆，与小蝙蝠的可爱模样结合，别有一番“不给糖就捣蛋”的节庆气息。

主要材料

橘黄色羊毛约8.5 g：南瓜、小帽、鼻子
黑色羊毛约2 g：蝙蝠头
黑色羊毛少许：蝙蝠耳、南瓜五官
白色羊毛少许：蝙蝠眼睛、蝙蝠嘴巴
绿色羊毛少许：南瓜梗

step by step

01 重复P.101羊驼的步骤 1～3，制作直径约4.5 cm的南瓜，并在四周戳出纹路。

02 制作蝙蝠头部并戳上五官，鼻子的直径约为2 cm。

03 制作南瓜小帽。

04 将蝙蝠头与南瓜结合，再戳上南瓜小帽。

05 戳上小蝙蝠的耳朵，高约1 cm。

06 为南瓜戳上五官，每个三角形高度约1 cm。

07 在南瓜两侧剪开两处小洞，以便装上翅膀。

08 将事先制作好的不织布翅膀装上，完成。

图书在版编目(CIP)数据

我爱布杂货．爱上北欧风布作/ DIY玩布置编辑部编著．—郑州：河南科学技术出版社，2012．5
ISBN 978-7-5349-5532-7

Ⅰ．①我…　Ⅱ．①D…　Ⅲ．①布料-手工艺品-制作　Ⅳ．①TS973．5

中国版本图书馆CIP数据核字（2012）第044821号

出版发行：河南科学技术出版社
地址：郑州市经五路66号　邮编：450002
电话：（0371）65737028　65788613
网址：www.hnstp.cn
责任编辑：李　洁
责任校对：张小玲
责任印制：张艳芳
印　　刷：北京盛通印刷股份有限公司
经　　销：全国新华书店
幅面尺寸：210 mm×280 mm　印张：6.5　字数：150千字
版　　次：2012年5月第1版　　2012年5月第1次印刷
定　　价：38.00元

如发现印、装质量问题，影响阅读，请与出版社联系调换。